3.11後の
放射能
「安全」報道を
読み解く

社会情報リテラシー実践講座

影浦 峡
Kyo KAGEURA

現代企画室

目次

1　はじめに
　　　　　　　　　　　　　　　　　5

2　「科学」「安全」「安心」
　　問題を整理する　　　　　　　　10

3　「基準」「被曝」「単位」
　　基本的な知識を整理する　　　　25

4　基準と数値
　　報道を読み解く(1)　　　　　　52

5　安心と安全の語り
　　報道を読み解く(2)　　　　　　81

6　「安全」報道の波及効果
　　　　　　　　　　　　　　　　109

7　「安全」の視点から考える
　　　　　　　　　　　　　　　　151

8　おわりに
　　　　　　　　　　　　　　　　172

　　あとがき　　　　　　　　　　178
　　注　　　　　　　　　　　　　187

＊参考文献、法令・勧告などの出典、そのほか情報ソースとなった URL などは、参照箇所を文中に〔＊数字〕で示し、注として巻末にまとめました。より詳細な情報を求める方は、ぜひこれらの文献にあたってみてください。
＊本書に引用した URL は、2011 年 5 月 29 日にサイトの存在を確認しています。

1　はじめに

　東京電力の福島第一原子力発電所では、2011年3月11日から、炉水低下、水素爆発、使用済燃料プールの問題などが立て続けに発生し、大量の放射性物質が環境中に放出されました。日本政府は2011年3月11日、原子力緊急事態宣言を発令しました。

　事故を起こした東京電力の原発については、4月以降、極端な状況の悪化は見られないものの、事故の収拾に向けた作業は難航しています（2011年5月4日、米原子力規制委員会（NRC）のヤツコ委員長も、東京電力の原発事故には事態改善がほとんどみられないと述べています）。本書を執筆している2011年5月下旬の時点でも、状況はあまり変わらず、放射性物質の漏出が続いています。

　事故により、政府は東京電力の福島第一原発から半径20キロ圏内に避難を、20から30キロ圏内に屋内退避を指示しました。その後も、4月22日には20キロ圏内を立入禁止の「警戒区域」とし、福島県飯舘村、葛尾村、浪江町など5市町村にまたがる地域を計画的避難区域に指定するなど、影響は拡大しています。

　東北から関東までの広い範囲で空中と土壌の放射線濃度が高まり、ほうれん草や原乳、原発付近の海水から、基準

値を上回る放射性物質が検出され、さらに2011年3月23日には東京の水道でも乳児の暫定規制値を越える放射性ヨウ素131が検出されました。4月上旬からは汚染水の海洋投棄が行われ、魚からも高い放射性物質が検出されました。その後も、関東をはじめ様々な地域の牧草や茶から基準値を越える放射性セシウム137が検出されるなど、汚染の広がりを示すニュースが報じられています。

　事故で環境中に放出された放射能の影響について、政府も、新聞やテレビ、ラジオなどのマスメディアも、「ただちに健康に影響を及ぼすものではない」「日常生活を続けてもまったく問題ない」「安全」といった報道を繰り返しました。けれども、これまで政府やメディアの多くが安全性を強調していた原発が事故を起こしたことを考えると、こうした政府やメディアの発表には不安を感じてしまいます。インターネットを見ても、今度は様々な情報にあふれ、それらがしばしば対立しているので、何を基準にどう状況を理解してよいかわからなくなってしまいます。そこに改めて「科学者」や「専門家」が「これが本当のことだ」と発言を付け加えても、情報を受け取る側からすると、すでに十分に混乱しているたくさんの情報にもうひとつ迷いのもとが付け加わるだけです。

　こうした中で、原発や放射性物質の専門家ではない私たち市民に必要なのは、混乱した情報を自ら整理するための視点と指針です。そこで本書では、政府やメディアが報じている情報をどのように読み解くことができるか、そして

状況をどのように判断することが適切なのかを考えてゆくことにします。

報道を適切に評価するためのひとつの方法は、事実に照らして報道が正しいかどうかを判断することです。けれども、原発事故の状況についても放射能汚染の状況についても、なかなか事実の調査と把握は追いついていませんし、何が事実かをめぐって論争や混乱も多々あります。まさにそれらが情報の混乱を引き起こす原因のひとつになっています。従って、本書では、基本的な事実や社会的に共有された知見を手がかりとするのはもちろんですが、報道の構造や配置、そして報道が担っている役割を、できるだけ報道で使われている言葉そのものに即して診断していくことが主な課題となります。

前提

福島第一原子力発電所がこれからどうなるのかは予断を許しませんし、現在の状況をどう受け取るかは、住む場所や立場によっても大きく違います。本書では、以下を前提とします。

・福島第一原子力発電所で急激に事態が悪化することはないけれども（これは事態を考えるための前提であり、事態の急激な悪化はないと私が完全に信じているわけではありません）、放射性物質の漏出や流出はま

だ続くと考えます。もっともありそうな状況の推移として多くの人が共有している認識だと思います。

・本書は、まずは、原発事故の避難指示地域からはある程度離れているので、一応、日常的な生活を送っているけれども、大気や地表の放射線量が平時より明らかに高かったり、飲料水中に乳幼児の暫定基準を越える放射性ヨウ素131が検出されたり、事故により放出された放射性物質を含んだ食品が食卓に上る可能性があるなど、様々なかたちで事故の影響を感じている人々を読者として想定しています。「感じる」というのは主観的な概念ですので、人によって異なりますが、東北から関東のほぼ全域、さらにはより広く日本全国の人が対象読者となります。

　また、本書に書かれている内容そのものは、結局のところ、避難対象となっている地域の人々にも、東北関東大震災と津波の被害を受け日常生活に戻れていない人々にも、同じように関係します。放射線が人々に与える影響は、そのような状況とは基本的に無関係だからです。なお、現在の汚染の広がりを考えると、影響を受ける人は日本国内にとどまりませんが、本書で扱うのは日本の報道なので、読者としては日本の人々を想定します。

・本書では、主として、2011年3月中旬から2011年4

月中旬までの1カ月間に現れた報道を中心に取り上げます。放射能の「安全性」や危険性をめぐる報道が大々的に現れたのがこの時期であり、それ以降、報道は減っていますし、いくぶん多様化しているものの、基本的なパターンはそれほど変わっていません（例えば、2011年5月11日に神奈川県の足柄茶から基準値を超える放射性セシウムが検出されたことを報じた共同通信の記事〔*1〕では、「すぐに健康被害はないレベル」という神奈川県のコメントが引用されていますが、これは、第5章で紹介するように、「放射能が検出されたがただちに影響はない」という、事故直後から繰り返された報道と基本的に同じパターンです）。この時期の記事を通して、東京電力の原発事故後に現れた放射線に関する報道の一般的な傾向を検討することができます。また、この時期の報道を整理しておくことは、歴史的な記録としても重要です。

2 「科学」「安全」「安心」
問題を整理する

2.1 議論の手引き

放射性物質が健康に与える影響については、異なる説や見解があります。本書では、日本の法律や法令などが定める基準、そして、国際放射線防護委員会（ICRP）や国際原子力機関（IAEA）、世界保険機関（WHO）、米国科学アカデミーなど、現時点で、日本や国際社会で標準的なものとされている見解を、基本的な足がかりとして、話を進めます。

現在、マスメディアでもネットでも様々な意見が表明されており、そもそも何を基準としてよいかわからない状況になっています。その際、権威あるところが統一的な見解を整え、それを参照基準とすることが考えられますが、残念ながら、専門家も政府もメディアもほぼ一貫して原子力発電所は安全だと言ってきたのに今回のような事態になってしまったのですから、私たちは、権威あるところの言葉には不安を感じています。法律や国際機関の基準は、このような状況で、最低限の足がかりになります。特に国際的な基準や意見は、冷静に状況を考える一助となります。

また、本書のテーマからは副次的なことですが、東京電

力の原発事故は国際的に大きな問題となっています。日本産食品の輸入規制や貨物の検査など、世界各地で様々な対応がなされています。その際に適用される基準とその位置づけは、必ずしも今、日本のメディアで言われているものと同じではありません。国際的な基準を参照することは、好むと好まざるとにかかわらず、日本の経済が世界と密接に関係している現状を考えても、有意味なことです。

　なお、IAEAは原子力の平和的利用を推進する国際機関ですし、ICRPも原子力の利用を前提としているので、そうした機関が出す見解はリスクを過小評価しがちだとの批判もあります。その意味で、本書がとりあえずの参照軸とする基準は、様々な説の中でも、どちらかというと放射線の危険を大きくは見ない立場のものと言えるかもしれません。この点については、第7章で改めて考えることにします。

2.2　問題の所在

2.2.1　いくつかの報道

『週刊朝日』4月8日増大号の29ページ、胎児や赤ちゃんへの影響を解説した下りに、次のような言葉があります。

> 国際放射線防護委員会の勧告でも「100ミリシーベルト未満の胎児被曝量は妊娠継続を断念する理由にはならない」とされている。……（A）

この直前には、「胎児や乳児がもっとも放射線の影響を受けやすい」、ただし、

　　「胎児や赤ちゃんに影響が出ると考えられるのは50ミリシーベルト以上」……（B）

という、長崎大学大学院教授山下俊一氏のコメントが引用されています（ミリシーベルトなどの単位については、第3章で整理します）。
　ここで、（A）と（B）を読み比べてみましょう。実は、この2つは、微妙に表現のパターンが違います。それに対応して、言われていることのレベルが質的に異なります。
　（A）は、ある状況をめぐる人々の判断や約束事について述べた言葉です。
　（B）は、専門家がいわば「科学的」な見解を述べた言葉です（「考えられる」というところに曖昧さはありますし、後に確認するように、この見解は日本や世界が採用している法的な基準や広く受け入れられている標準的な知見とは異なり、放射線被曝の危険をとても小さく考えているものですが、それはまた別の話です）。
　違いを明確にするために、次の2つの表現を考えてみます。

　　自己資金が300万円以下だからといってマンション購入を断念する理由にはならない。……（A）'

2010年10月期における東京の新築マンション1戸あたりの平均価格は4512万円。……（B）'

（A）'は人々の判断や決意について述べたものです。（B）'は、東京のマンション事情という、私たちの判断や約束の外にある状況・事実を表しています（不動産経済研究所による数値です。一応、かなり実状を正確に捉えたものと考えてよいでしょうが、それは重要ではありません）。
　ところで、次のような言葉も考えてみます。

　2010年10月期における東京のマンション1戸あたりの平均価格は1億円以上と考えられる。……（B）''

これは、私たちの判断や約束の外にある状況そのものではなく、それに対する見解を表しています（ちなみに、この見解は事実と食い違っています）。大まかに言うと、（A）と（B）は、（A）'と（B）''あるいは（B）'に対応していることがわかります。
　このように、報道で言われていることは、よくみると、いくつかのレベルに区別できます。この点をより詳しく考えるために、以下のようなニュースを見てみましょう。

　対象を広げて調べ、出荷停止になっている品目以外の安全性を確認することで、風評被害を防ぐ狙いがある。
（「他品目も放射線検査し安全確認を　厚労省、北関東3

県に」朝日新聞2011年3月25日)

　菊地透・医療放射線防護連絡協議会総務理事は「放射線は同じ量でも瞬時に受ける場合とは異なり、長い期間でゆっくり受ける場合、健康へのリスクは低くなる」と話す。
(「積算線量10ミリシーベルト超も専門家「リスク極めて低い」」産経新聞2011年4月4日)

　放射性ヨウ素による健康被害は若いほど、特に乳児に対して大きい。東京都水道局の浄水場では22日に、水道水1キログラム当たり210ベクレルの放射性ヨウ素を検出、乳児の基準100ベクレルを超えた。だがこれは216リットルを飲むと、1ミリシーベルトの被ばくを受けるという量。伊丹科長は「実生活で問題になる量ではなく、ヨウ素剤が必要となるような被ばくでもない」とした。
(「原発事故、健康被害の心配なし　がんセンター緊急会見」共同通信配信2011年3月28日)

　野菜類の暫定規制値はヨウ素が同2千ベクレル、セシウムが同500ベクレル。県原子力安全対策課によると、検出された濃度のホウレンソウを、日本人の平均的な年間摂取量で1年間食べ続けても、被曝(ひばく)量は胸部CTスキャン検査1回分の3分の1程度。「人体に影響を及ぼす程度ではない」という。
(「北茨城市のホウレンソウ、ヨウ素検出　規制値の12

倍」朝日新聞2011年3月20日)

　ここで「安全性」、「健康へのリスク」、「実生活で問題になる」、「人体に影響」といった言葉に注目してみます。これらは、事実を表した言葉でしょうか？　あるいは、「科学的」な概念や、私たちの解釈によって揺れることのない「客観的」な概念を表しているものでしょうか？
「対象を広げて調べ」たとき、放射性物質の濃度がどのくらいだと「安全性」が確認できたことになるでしょう？　また、例えば1万人に1人が怪我をするスポーツのリスクは高いのでしょうか、低いのでしょうか？「実生活で問題になる」という言葉や「人体に影響を及ぼす」という言葉は、具体的には何を指しているのでしょうか。人によって揺れはないのでしょうか。例えば、過食はどこから「人体に影響を及ぼす」のでしょうか？
　研究領域によって、こうした言葉に厳密な意味合いを持たせることもありますが（例えば統計学では、「危険率」という言葉が明確な定義のもとに使われます）、ここで取り上げた記事はすべて一般的な読者を対象にした新聞に掲載されたものですし、定義も明らかではありませんから、これらの言葉が「客観的」あるいは「科学的」な概念を表しているとは解釈できません。むしろ、人々の判断や、社会的な合意に関する言葉と考えるのが自然です。
　これに対して、例えば、「胸部CTスキャン検査1回分の3分の1程度」という言葉は、数値の関係としては客観的

なものです。また、水道水に放射性ヨウ素が検出されたというのは事実の報道です。

 以上のように見てくると、マスメディアの報道では、「客観的」な事実や状況の記述、「科学的」な見解の表明、社会的な合意に関わる事柄、人々の判断に関する概念など、質的に異なるレベルに属する概念が、同じ記事の中で区別されることなく論じられていることがわかります。

2.2.2 レベルを整理する

 質的に異なるレベルの話が混在している記事を的確に読み解くためには、基本的なレベルを整理し、把握しておくことが有効です。放射能をめぐる報道を読み解いて「安全」を考えるために、次の5つを区別しておくと便利です。

1. 誰にとっても変わらない記述：このような記述は、大きく二種類にわかれます。第一は、例えば、1シーベルト（Sv）は1000ミリシーベルト（mSv）で、1ミリシーベルトは1000マイクロシーベルト（μSv）であるといった定義や論理的言明に関わるものです。もうひとつは、2011年4月5日東京都文京区の天気は晴れだったといった、曖昧性のない事実に関する記述です。

2. 「専門家」による「科学的」な知見や見解：一般に、誰

にとっても変わらない記述と近いものと理解されがちですが、実はまったく違うものです。科学にはまだわかっていないことも多数あり、人によって主張が異なることも頻繁にあります。明らかに正しいと見なされていたことが、のちに誤りだったとされることもあります。複雑な事実を理解するために科学的な知見を手がかりにすることは有用ですが、基本的に科学は真実の場ではなく、真実をめぐる議論の場です。

　1ミリシーベルトの放射線を受けると癌になる確率は0.00005だけ高まる、10ミリシーベルトだと0.0005、100ミリシーベルトだと0.005高まるというのは、多くの科学者が暫定的に受け入れ、また、国際的な機関も標準的に受け入れている、ひとつの科学的知見です。上で見た、「胎児や赤ちゃんに影響が出ると考えられるのは50ミリシーベルト以上」というのは、長崎大学の山下俊一教授が主張する見解で、やはりこのレベルに属します。

3. 社会的に合意されたり議論される見解：典型的な例は法律です。例えば、自然放射線量と医療で受ける放射線量以外に一般の人々が受ける放射線量は年間1ミリシーベルトまで、という値は、日本の法令で定められた、拘束力を持つ社会的な基準です。上で見た、「100ミリシーベルト未満の胎児被曝量は妊娠継続を断念する理由にはならない」という国際放射線防護委員会の

勧告も、社会的なレベルに位置づけられるものです。このレベルに属するものの中で、法律や基準などは、一般に、皆がそれを受け入れましょう、という性質のものです。そうした法律や基準が「安全」に対応していることもありますが、ある道路の法定制限速度が少し緩すぎる場合のように、安全ではなくても我慢しなくてはならないこともあります。

4. 状況や対象、行為に関する個人の判断や見解：例えば、アルペンスキー草レースの大回転競技にヘルメットをつけないで出場することは危険かどうかといった判断はこのレベルに属します。普通に「安全」という言葉を使う場合、どこまでを「安全」と見なすかの判断は人によって異なることから（例えば、ある道路の法定制限速度が時速60キロだったとして、その道路を安全な道路と見なすか危険なものと見なすかは人によって違うことがあります）、「安全」という言葉が基本的にこのレベルに属することがわかります。

　ただ、人間は社会の中で生きているので、例えば「安全」を考えるにあたっても、個人の判断と、社会的な側面との関係が大切になります。一般に、法律を制定するときには、私たちが選挙で選んだ議員が私たちの代わりに議論を尽くします（尽くさないで強引に法律が採択されることもあります）が、これは、「状況や対象、行為に関する個人の判断や見解」を踏まえ

て「社会的に合意された見解」を創出するためのひとつの手続きと考えることができます。一方、多くの人が安全に対して一定の基準を共有している場合、個々人の安全に対する判断も暗黙のうちにそれに合わせてなされることがよくあります。また、他の人が置かれた状況を考えて、個人的な安全の基準を変えることもあります。

5. 個人の心理的な状態：同じ個人的な領域の中でも、外の世界や状況に対する判断や見解と、個々人の心理的・感情的な状態とは異なります。一般に、「安全」に対して「安心」は、個人の心理的な状況を指すための言葉です。例えば、「この街は安全だ」という場合、安全な状態にあるのは私の心ではなく街です。「この街は安心だ」という場合、この街にいて私が安心だ、という意味合いがより強くなります。つまり、安心な状態にあるのは私の心です。「安全」も「安心」も日常的な言葉なので曖昧性は残りますが、本書では、「安全」や「危険」を外的状況に対する判断や見解のレベルに、「安心」や「不安」を心理的状態のレベルに属する言葉として使い分けることにします。

```
┌─────────────────────────────────────────┬──┐
│ ┌─────────────────────────────────────┐ │誰│
│ │ 科学的な知見                         │ │に│
│ │                                     │ │と│
│ │                                     │ │っ│
│ └─────────────────────────────────────┘ │て│
│ ┌─────────────────────────────────────┐ │も│
│ │ 社会的な見解（法律や基準など）         │ │変│
│ │                                     │ │わ│
│ │                                     │ │ら│
│ └─────────────────────────────────────┘ │な│
│ ┌─────────────────────────────────────┐ │い│
│ │ 個人的な判断（安全か危険か）           │ │も│
│ │                                     │ │の│
│ │                                     │ │  │
│ └─────────────────────────────────────┘ │  │
│ ┌─────────────────────────────────────┐ │  │
│ │ 個人の心理状態（安心か不安か）         │ │  │
│ │                                     │ │  │
│ │                                     │ │  │
│ └─────────────────────────────────────┘ │  │
└─────────────────────────────────────────┴──┘
```

図1　報道を理解するための5つのレベル

　これら5つのレベルを図で表します（図1）。誰にとっても変わらない記述は、定義や論理も、事実も、あらゆるレベルに側面から関係するものなので、背景的に位置づけてあります。

2.2.3 リテラシーの課題

放射線が生体にもたらす影響を研究している人は、例えば、1ミリシーベルトの線量を受けると生涯にわたる発癌の確率が0.00005だけ高まる、といった「科学的」な知見については最もよく知っている立場にあります。ところで、「確率0.00005だと、2万人に1人しかそれが原因で癌にはならないのだから安全だ」と言ったとたん、言われている内容のレベルは科学的な知見をめぐる専門的なコメントから、状況に対する個人的な判断に移ります。放射線が生体にもたらす影響を研究している専門家は、個々人の「安全」に対する判断の専門家ではありません。ですから、このような発言は、「確率0.00005だと、2万人に1人それが原因で癌になると考えられている」という専門家の説明の部分、すなわち科学的な知見を表明する部分と、「だから安全だ」という一個人としての主張、すなわち個人的な判断の部分とに分かれることになります。

後者については、放射線の専門家であることに何の意味もありません。教育学の専門家が「私は教育学の専門家だから、寿司屋に対する私の評価は他の人々の評価よりも重視されるべきだ」と言ったとすると、誰もが変だと思うでしょう。教育と寿司ははっきり違うので、すぐに奇妙であるとわかりますが、放射線による発癌確率と、ある確率のリスクを安全と見なすかどうかの判断も、実はまったく異質のものです。

それでも、専門家による、「安全だ」「問題ない」という発言がマスメディアで繰り返されると、自分ひとり危険だと思っていることは間違いなのかと悩んでしまうかもしれません。あるいは、自分は危険だと思っているのに「安全だ」と言っている報道は信じられないと懐疑的になったり、何をどう読み解いて信じ、判断してよいかわからなくて途方に暮れてしまうかもしれません。
「安心」をめぐっても、状況は「安全」と同じです。「安心」かどうかは個々人の心理的な状態に関する問題です。ですから、「2万人に1人しかそれが原因で癌にはならないのだから安心だ」と言うのは個人的な心情の吐露にすぎず、外的な状況をめぐる発言としてはほとんど意味をなしません。
　それでも、不安を感じているがゆえに、放射線の専門家が「2万人に1人しかそれが原因で癌にはならないのだから安心だ」と発言すると、安全かどうかの判断を抜きに、心情的にその発言に飛びついて、自分も安心したいというメカニズムが働き、実は安全ではなく、安心する状況にもないのに、「そうか、あの人が言っているから安心だ」と考えてしまう可能性があります。逆に、放射能の影響について不安を感じているときに権威のある人々が「安心だ」と言ったとしても、自分が感じている「不安」と矛盾しますから疑念が高まり、ますます不安になってしまうかもしれません。
　簡単に言うと、私たちの多くは、メディアの報道を前

に、安全かどうかの判断をどうすればよいのか、安心してよいのかどうかよくわからない、という状況に置かれています。本書では、こうした状況を踏まえ、特に「安全」を確保するために適切に判断し行動するために、報道をどう読み解けばよいのか考えていきます。その際、「はじめに」でも述べたように、基本的な事実や基準を導き手とはしますが、それ以上に、報道の構造と機能を報道そのもののあり方から捉えていくことに重点を置きます。分析を通して、最終的には、政府やメディアが伝える安全がどのようなものかを明らかにするとともに、一人ひとりが安全を考えるための手がかりを提供していきたいと思います。

　一方、本書は、残念ながら、不安の解消にはあまり貢献できないかもしれません。というのも、安心や不安は個人の主観的・心理的なものだからです。東京電力原発事故後の放射能をめぐる報道を前にして私たちが持つ不安には、少なくとも次の要素が含まれていると考えられます。

1. 情報の混乱からくる不安：報道されている情報のどれが正しいのか、何を指針にすればよいのか、発表されている数値は妥当なのか、等々について、そもそも判断を下すことが困難なほど錯綜していることからくるもの。

2. より個人的な不安：一応、状況を把握できたとしてもなお残る、例えば、自分の判断はそれでも妥当なのか、

これでよいのか、といったことに関する不安。

　さらに、情報を明確にした結果、「どうしようもない」となると、不安だけが高まります。本書の議論を通してそれなりに解消できる不安は、これらのうち、最初のものだけです。

3 「基準」「被曝」「単位」
基本的な知識を整理する

　ここでは、安全報道を検討するために最小限必要な基本的知識を、以下の3点について確認します。

基準について

　なによりもまず、平時の、つまり本来の基準を確認します。2011年3月11日に原子力緊急事態宣言が出され、原子力発電所の事故は収まっていないのですから、現在は、平時ではありません。日本政府が導入した食品衛生法上の「暫定基準」が原子力災害時のものであることも、現在が平時でないことを示しています。

　それでも平時の基準を出発点として重視するのは、次の理由からです。

- 平時の基準がわからないと、緊急時の基準をどう評価してよいのかもわからなくなります。平熱が36度の人が37.5度の熱を出したときと、平熱が37度の人が37.5度の熱を出したときでは、ずいぶん違います。
- 平時の基準を踏まえておかないと、そもそも現在使われている基準が緊急時の基準なのかどうかさえ、曖昧

になってしまいます。平熱を知らなければ、体温を計って38度という結果がでても、それが高熱であることさえわかりません。

さらに、何も問題がない平時には、そもそも改めて基準を参照する必要はありません。基準は、問題が起きたときに、確認するものです。その意味で、緊急時であるからこそ平時の基準を確認することは大切になります。一方、現在、メディア等で報じられている暫定基準などの多くは、緊急時に適用される基準です。これらについても、簡単に確認します。

被曝のパターンについて

人は放射能の影響をどのように受けるのか、基本的なことを整理します。これについては、専門家によって書かれた解説書も出ていますし、ネットでも調べることができますので、詳しくはそれらを参照してください。

単位について

メディアで頻繁に目にするベクレルとシーベルトを扱います。

3 「基準」「被曝」「単位」

3.1 基準について

ここでは、基準の内容だけでなく、基準の位置づけも確認します。

3.1.1 基本となる基準

日本政府は、法令により、一般公衆の被曝限度を、

1年間1ミリシーベルト

と定めています〔*2〕。これは、自然に存在する放射線から受ける量(世界平均で年間2.4ミリシーベルト、日本では情報源によって異なりますが1.0〜1.5ミリシーベルト程度)および医療行為として受ける放射線を除いた量です。また、この値は、外部被曝と内部被曝の合計値です〔*3〕。外部被曝と内部被曝については次節(3.2)で整理します。

日本の法令が依拠しているのは、国際放射線防護委員会(ICRP)が1990年に出した勧告です〔*4〕。この勧告は、自然放射線以外で人々が平時に受ける放射線量の限度を1年間1ミリシーベルトとしており、米国や英国、ドイツ、フランスなども、被曝線量限度はこの1ミリシーベルトを基準にしています(ただし、例えばドイツでは、これを基準としながらも、原発の設計時や通常運転時の計画被曝の上限は0.3ミリシーベルトとするなど、国によってより細

かい規制がかけられている場合があります)。

この値の基礎となっているのは、放射線の人体への影響に関する「線形しきい値なし(LNT)モデル」という科学的なモデルです。その妥当性は、現在のところ、米国科学アカデミーの委員会をはじめ、多くの団体や研究者に広く認められており、放射線のリスクに関するひとつの標準的な科学的知見と言うことができます〔*5〕。この知見に基づいて日本の法令で1年間に1ミリシーベルトと定められたことは、個々の科学者の見解がどうであれ、日本ではこの科学的知見を、社会的に受け入れることにするという合意が間接的になされたことを意味しています。

この考えに基づくICRPの勧告では、受ける線量が1ミリシーベルト増えると、癌になったり遺伝的影響を受けたりする確率が0.000073だけ増えるとされています。約1万4000人が1ミリシーベルトの放射線を受けたとすると、そのために癌などの影響を被る人が1人出るのです。内訳は、致死的な癌のリスクが0.00005、非致死的な癌のリスクが0.00001、遺伝的影響が0.000013です〔*6〕。なお、同じLNTモデルでも、リスクの評価は研究によって異なります。すぐ上で言及した米国科学アカデミーの委員会は、100ミリシーベルトで発癌の確率が1パーセント上昇すると述べています。

話を簡単にするために、ICRPの勧告が採用しているリスクの中で致死的な癌だけを考え、「癌で死ぬ確率」と表現します。そのリスクは1ミリシーベルト被曝した場合、

0.00005です。さらに、このモデルは「線形」すなわち単純な比例関係なので、癌で死ぬ確率は、

10ミリシーベルト　だと　0.0005
100ミリシーベルト　だと　0.005

となります。被曝線量が多くなると確率的な影響が確定的な影響に変わり、例えば4シーベルトの被曝では半数の人が死亡することがわかっていますが、本書では確定的影響は扱いません。

1年間に1ミリシーベルトというのは人間が被曝する量の側から定められた上限です。それに対し、飲料水や食物などに含まれる放射性物質の基準は別に設定されています。3.1.4で主なものを紹介します。

3.1.2　社会的基準と科学的知見や専門家の主張

3.1.1では、LNTモデルについて「科学的知見」という言葉を使いました。様々な要因を考慮すると、LNTモデルが現在のところ最も妥当性が高いと言われていますが〔*7〕、実は、低い線量の被曝がどのような影響を引き起こすのか、本当のところはよくわかっていません〔*8〕。日本でも、以前は、一般の人の被曝上限は1年間に5ミリシーベルトと定められていました。それが、新たな知見に基づき、1ミリシーベルトに引き下げられた経緯があります。

科学的知見のレベルでは、研究者により様々な見解があります。LNTモデルを肯定しながら、具体的なリスクの確率については異なる値を主張する人もいます。LNTモデルを否定し、1ミリシーベルトよりかなり多くても影響はないという人もいます。逆に、欧州緑の党系のヨーロッパ放射線リスク委員会（ECRR）のように、LNTモデルよりも低線量被曝の危険ははるかに高いと主張する団体や個人もいます〔*9〕。

　マスメディアでもネット上でも、専門家が、こうした基準の「科学的」妥当性をめぐって、様々な意見を表明しています。専門家が異なる科学的知見を科学コミュニティで表明するのは当然のことですが、マスメディアで、社会的な基準に言及することなく専門家が自分の意見を主張している場合には、受け手として注意が必要です。社会的な基準が法律や法令などで定められているときは、なおさらです。

　というのも、放射能汚染が広まる危急の事態の中で、様々な報道を読み解き、安全の観点から適切に状況を判断するためにまず何よりも必要なのは、社会的なレベルでの知見を踏まえることであって、はっきりとわかっていないことをめぐる科学的な見解や論争ではないからです。科学的知見や主張のレベルと社会的な合意のレベルを区別し、後者を重視することがどうして重要かつ必要なのかを明らかにするために、いくつか仮想的な例を考えてみましょう。

3 「基準」「被曝」「単位」

例1
科学的主張1：ある研究の結果、5歳からの飲酒はその後の成長にとって好ましいことが示された。

　さて、

1. 科学的主張1に依拠して、5歳以上の未成年にお酒を飲ませてよいでしょうか？
2. 科学的主張1に依拠して、未成年に対し、お酒を飲んでよいと言うのはOKでしょうか？
3. 科学的主張1に依拠して、飲酒年齢を20歳から5歳に引き下げるべきだと主張するのはOKでしょうか？

　仮に、科学的主張1が正しいとしても、1と2は社会的には受け入れられません。OKなのは3だけです。そして、飲酒年齢を5歳に引き下げるためには、妥当な手続きを踏んだ基準の見直しという社会的なプロセスを経る必要があります。

例2
科学的主張2：ある研究で、緊張しがちな人は飲酒して運転した方が事故を起こしにくいことが示された。

　このとき、

1. 科学的主張2に依拠して、緊張しやすい人が飲酒運転をするのはOKでしょうか？

2. 科学的主張2に依拠して、緊張しやすい人に飲酒運転を勧めてよいでしょうか？
3. 科学的主張2に依拠して、緊張しやすい人は飲酒運転をするようメディアで呼びかけてよいでしょうか？
4. 科学的主張2に依拠して、緊張しやすい人に飲酒運転を認めるよう法律の変更を訴えるのはOKでしょうか？

仮に、科学的主張2が正しいとしても、1、2、3は認められません。OKなのは4だけです。

例3
科学的主張3：道幅Aメートルで直線がBメートル続く道路では、両目視力0.7以上の人が時速120キロを出しても事故を起こす確率は1000兆分の1、つまりほとんど0であることがわかった。

今、道幅Aメートルで直線がBメートル続く道路が実際にあり、その道路の法定制限速度が60キロだったとします。

1. 科学的主張3に依拠して、時速120キロでこの道路を走行するのはOKでしょうか？
2. 科学的主張3に依拠して、時速120キロでこの道路を走行してOKと言うのはOKでしょうか？
3. 科学的主張3に依拠して、この道路の制限速度を120

キロに変えるよう提案することはOKでしょうか？

科学的主張3が正しいとしても、1と2は認められません。OKなのは3だけです。

以上から、次のことが確認できます。

- 「科学的主張」をもって基準に違反した行動を取ることも、基準に違反した行動を取ってよいと呼びかけることも、ともに不適切である。
- 「科学的主張」をもって基準の変更を提唱することは不適切ではない。ただし、基準を変更すること自体は適切な社会的プロセスを経て行われる必要がある。

第2章で、色々な記事を前に私たちが混乱してしまうひとつの原因は、言われていることが2.2.2で整理した5つのレベルのどれに属しているのかが曖昧で、異なるレベルの主張が混在していることにあると述べました。「専門家」の科学的主張が紹介されている報道が多々ある中では、科学的知見や意見・主張のレベルと社会的基準のレベルとの間に、ここで整理した関係があることを常に頭に置いておけば、特に基準をめぐる情報や意見を前にしたときに混乱を減らすことができます。

3.1.3 社会的基準と「安全」

　自然放射線と医療で受ける放射線以外で、人々が平時に受ける線量の限度は、

　1年間　1ミリシーベルト

でした。この基準の背景にあるLNTモデルによると、1ミリシーベルトの被曝で、

　20000人　に　1人

が癌で死亡することになります。これは「安全」と言えるでしょうか？
　発癌のリスクは「線形」、つまり被曝量に単純に比例しますから、

　10ミリシーベルト　ならば　2000人に1人
　100ミリシーベルト　ならば　200人に1人

が癌で死亡することになります。今度はどうでしょう。「安全」と言えるでしょうか？
　2.2.2では、基準について、「一般に、皆がそれを受け入れましょう」という性質のものであり、それは、

「安全」に対応していることもありますが、ある道路の法定制限速度が少し緩すぎる場合のように、安全ではなくても我慢しなくてはならないこともあります。

と述べました。

　実は、1年に1ミリシーベルトという基準について、原子力安全委員会は次のように説明しています。

　法令により定められている線量限度（例えば、周辺監視区域外において、実効線量で1ミリシーベルト／年）は、……この限度以下であれば、放射線による障害は、発生するとしてもその可能性は極めて小さく社会的に容認し得る程度のものと考えられているのです〔*10〕。

　この文章から、原子力安全委員会は、2万人に1人の致死的な癌発症を「安全」とみなしているのではなく、安全かどうかは別にして社会的に認めることができるリスクと位置づけていることがわかります。安全の観点からは、高エネルギー加速器研究機構の放射線科学センターが

　被ばくをすれば、だれでも必ずガンになるというわけではありません。ただ、被ばくしなかった場合に比べ、発病の確率が高くなります。これを、確率的影響といいます。
　遺伝的影響や、身体的影響のうち白血病や固形ガンな

> どの症状は、被ばく線量が増加するほど発生確率も単調に高くなり、発病した場合の重篤度は被ばく線量の大小には関係しないという特徴があります。
> ……
> ガンや遺伝的影響は非常に低い被ばく線量からその障害がおきる可能性があるわけですから、できるかぎり無用な被ばくを避けることは大切なことです〔*11〕。

と説明していることからもわかるように、基準内であっても、「できるかぎり無用な被ばくを避けること」が安全をめぐる社会的な了解事項なのです。

大切な点なので、改めて整理しましょう。日本社会が基本的に受け入れているのは、

1. 社会的に容認できる範囲：1年間に1ミリシーベルトまで
2. 安全な範囲：できる限り被曝を避ける

というものです。

ちなみに、道路交通事故の死者数は、全国で、

1990年　1万1227人（総人口1億2361万1000人）
2000年　9066人（総人口1億2692万6000人）
2009年　4914人（総人口1億2751万0000人）

ですから〔*12〕、日本に暮らす人々のうち、1990年には約1万1010人に1人、2000年には約1万4000人に1人、2009年には約2万5950人に1人が、交通事故により命を落としていたことになります。個々人が「安全」と考えるかどうかとは別に、これが交通事故について私たちが社会的に受け入れているリスクです。

ところで、基準がどうであれ、「2万人に1人というのは非常に危険」だと思ったときはどうすればよいでしょうか。上で出した道路の例で、時速50キロならば安全だと考える人には、次のような対応策があります。

1. 自分はその道を時速50キロで運転する
2. 他の人については個別に説得する
3. その道路には近づかないで回り道をする
4. 制限速度を厳しくするよう規則の改訂を働きかける

基準を越える行動を取ったり呼びかけたりする場合との違いははっきりしています。個人としてより安全な対策を取ったり、他の人々にもそうするよう呼びかけることは、完全に正当なことです。ただし、もちろん、自分の安全判断に基づいて規則そのものを変えようとするならば、社会的な働きかけが必要となります。

このように考えてくると、安全を考えることは、基本的に、社会的な基準と個人的な行動との関係に関わっていることがわかります。一方、専門家の科学的知見や主張が、

社会的な基準のレベルを飛び越えて、そこから逸脱するかたちで個々人の安全や安心に訴えることは、適切なことではありません。そのような場合には、個々の主張が正しいかどうかを判断する前に、あるいは少なくともそれと並行して、そもそもそのような主張が基準を飛び越えてなされることが何を意味しているのかを考える必要があります。そして、そうした主張の位置づけを検討するためにも、基準を確認する必要があるのです。

3.1.4 例外的な基準

　日本政府が原子力緊急事態宣言を出したことからもわかるように、東京電力の原発事故が起きて以来、非常時が続いています（2011年4月27日付日本経済新聞によると、細野豪志首相補佐官は4月26日、冷温停止ができれば緊急事態宣言を解除してよいのではないかとの見通しを示しています）。それに対応して、日本政府は緊急時の基準をいくつか導入しています。

　そもそも、放射線については、3.1.1で述べた基本的な基準のほかに、例外的な基準や勧告が存在します。例外的な基準は、大きく、放射性物質を扱う場所やそれを扱う職業に就いている人々に関するものと、緊急時に用いられるものという、2つのタイプに分かれます。

　放射性物質を扱う状況に関しては、まず、放射線管理区域の基準があります。実効線量が3カ月につき1.3ミリ

シーベルトを越える恐れのある場所は放射線管理区域とすることが法令で定められています。また、放射線を扱う職業に就いている人の被曝は、一般の人と異なり、基本的に5年間の上限が100ミリシーベルト、1年の上限が50ミリシーベルトと定められており、特に「緊急作業」に関わる場合は、上限が100ミリシーベルトとなっています〔*13〕。

緊急時の基準について、国際放射線防護委員会（ICRP）は、原発事故などが起きた際の対応の基準を定めていますが、一般公衆の被曝について、緊急時は年間20〜100ミリシーベルトを、緊急事故後の復旧時には1〜20ミリシーベルトを勧告しています〔*14〕。

これらの例外的な基準、とりわけ緊急時の基準は、どうしても必要な場合やどうしてもやむを得ない状況でのみ適用されるものです。そして「どうしてもやむを得ない」状況は、極めて重く捉える必要があります。この点を軽々しく考えてしまうと、例えば、次のような主張がまかり通ることになってしまいます。

・年度末から年度始めにかけてはたくさんの未成年が酒を飲むという現実がある。そうした状況でやむを得ないから、年度末から年度始めにかけては未成年の飲酒を認めよう。
・ある暴力団の組長が対抗する暴力団の組員に殺された。激しい抗争が勃発して、お互いの組員を標的とすることは避けがたいから、今回の抗争に関わる範囲で

は傷害罪や殺人罪は問わないことにしよう。

　現実が規則を逸脱しているからという理由で、どんどん規則を緩めて行くのは本末転倒です。本書で平時の基準を確認することの重要性を強調したのはそのためでもあります。

　さらに、例外的な基準を適用する際には、それが「どうしてもやむを得ない」ことを人々に説得すると同時に、「どうしてもやむを得ない」範囲についても社会的な説明が必要となります。安全との関係で言うと、通常の基準自体が安全と完全に一致するものではなかったのですし、例外的な基準は通常の基準の上限を超えてしまう状況に直面しなくてはならない状況だからこそ適用されるのですから、安全でないことははっきりしています。図2に、ここまで整理してきたことの主なところを反映させた図式を示します。これは、基本的な法令と、その背景にある科学的知見、法令が定めた基準と安全の関係について、現在の日本社会が合意している配置を示したものです。

　少し話はそれますが、「どうしてもやむを得ない」ことの説明が不十分であるときには、それに付随した好ましくない事態が発生することもあります。例えば、両親が仕事で遅くなるので、小学校6年生の子どもがやむを得ず出前を取ることにしたとします（小学校6年なら自分で料理くらいできるのではという疑問は取りあえず脇に置きます）。これは、やむを得ないとみなすことができます。けれども、

3 「基準」「被曝」「単位」

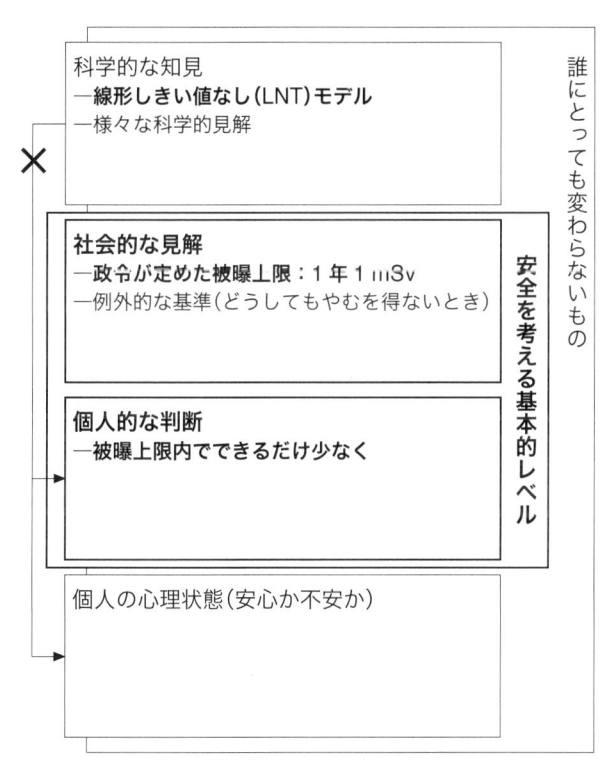

```
科学的な知見
 ―線形しきい値なし(LNT)モデル
 ―様々な科学的見解

社会的な見解
 ―政令が定めた被曝上限：1年1mSv
 ―例外的な基準（どうしてもやむを得ないとき）

個人的な判断
 ―被曝上限内でできるだけ少なく

個人の心理状態（安心か不安か）
```

誰にとっても変わらないもの

安全を考える基本的レベル

図2 「安全」をめぐる5つのレベルの基本的な関係

それに加えて「親が戻ってこなくてやむを得ないので歯も磨かないでおこう」というのは少し変です。日本語ではこれを「便乗」と呼びます。

「食品衛生法上の暫定基準値」について

　新聞などで、よく「食品衛生法上の暫定基準値（あるいは規制値）」といった言葉が使われています。食品衛生法では、第11条で、厚生労働大臣が食品や添加物について規格を定めることができること、規格が定められたときには、それに合わないものの輸入や加工、使用、調理、保存、販売が禁じられることが定められています。また、対象となる農薬などの基準値も定められています。

　ただ、法律で定めるだけでは多様な食品や農薬などに追いつけないため、厚生労働省では2006年5月から、より広い範囲で食品の安全を保てるよう、国際的な基準に合わせて様々な品目の基準を設定し運用できるようにしています。「食品衛生法上の」というのは、この枠組みで運用される、という意味です。

　メディアで報じられている、放射能に対する暫定基準は、原子力安全委員会が作成した原子力防災指針の「飲食物の摂取制限に関する指標」〔*15〕をもとに、この枠組みの中で設定されたものです。この指標は、あくまで、原子力施設で大量の放射性物質が放出されるような事故が発生し、一般の人々が過度に被曝する恐れのある場合に対応すべく設定された基準です。ですから、この暫定基準は、あくまで緊急時の基準と理解されるべきものです。

3.2 被曝のパターン

本書の目的からは副次的ですが、被曝のパターンを簡単に整理しておきます。放射線被曝は、大きく外部被曝と内部被曝の2つに分かれます。

外部被曝：人体の外に放射線を発するものがあり、そこから放射線を浴びる場合です。この場合、放射線源から離れれば、被曝を避けることができます。外から放射線を浴びる場合は、一般に、全身に浴びることになります。

内部被曝：汚染された食物を食べたり水を飲んだり（経口摂取）、あるいは呼吸することで（吸入摂取）、放射性物質は体内に取り込まれます。体内に取り込まれた放射性物質により体の内側から被曝するのが内部被曝です。この場合、放射性物質が体外に排出されず、また、放射線を出し続ける限り、被曝は続きます。内部被曝の影響は全身にではなく、放射性物質を取り込んだ特定の部位に集中するため、比較的低い放射線量でも、重要な体組織を大きく傷つける可能性があると言われています。取り込んだ放射性物質が体内のどこに特に蓄積されるかは、物質によっても異なります。ヨウ素131は甲状腺にたまりやすく、特に子どもに甲状腺癌を引き起こすことが知られています。セシウム137は全身の筋組織に、ストロンチウム90は骨組織に蓄積します。

東京電力の原発事故では、広い範囲にわたってヨウ素131やセシウム137などの放射性物質が放出されました。ストロンチウム90についてはあまり報道されていませんが、やはり検出されています。

　現在、東京電力の福島第一原発周辺から住民は避難していますので、作業員を除けば、原発が直接出している放射線により被曝するわけではありません。そうではなく、

1. 原発から放出された放射性物質が空中や水、地面にあって、それが出す放射線に被曝する場合、
2. 原発から放出された放射性物質が空中や水、地面にあって、そうした物質を吸入したりなどして体内に取り込んでしまう場合、
3. 原発から放出された放射性物質を野菜や魚、家畜などが取り込み（野菜の場合は表面に付着している場合もある）、それを食べることで体内に取り込む場合、

が主な被曝のパターンとなります。このうち1は外部被曝、2と3は内部被曝です。チェルノブイリ事故の影響を参考にすると、東京電力福島第一原発の事故が収束したとしても、汚染された土壌や物質、食物の影響が長期にわたり広い範囲で大きな懸案になってくると考えられます。

　新聞などでは、各地の放射線量が報じられています。基本的に1時間あたりのシーベルト（ミリシーベルトあるいはマイクロシーベルト）で表されていますが、人体への影

響を考えるためには累積的な被曝量を見なくてはなりません。さらに、今回の原発事故の長期的な影響をきちんと考えるためには、そもそもどのくらいの量の放射性物質が放出され、漏出されたか、漏出され続けているかを把握することも重要です。2011年4月12日に原子力安全委員会が行った発表では、4月5日までに大気中に放出されたセシウム137とヨウ素131の放出総量の推定試算値を63京ベクレルとしています〔*16〕。また、4月21日、海に流出した放射能総量は4700兆ベクレルと報じられました。

3.3 単位：ベクレルとシーベルト

放射線について、報道では、主に、ベクレル（Bq）、シーベルト（Sv）、ミリシーベルト（mSv）、マイクロシーベルト（μSv）などの単位が使われています。ベクレルとシーベルトは次のようなものです。

ベクレル（Bq）：放射性物質からどれくらいの放射線が出ているかを示す単位で、1秒に1つの原子核が崩壊して放射線を放つ場合、1ベクレルとなります。

シーベルト（Sv）：放射線の人体への影響を考えに入れた単位です。例えば、同じベクレルの放射性物質を取り込んだとしても、物質の種類や取り込んだ経路、年齢などによって、人体にどれだけの影響を与えるかは異なります。

直感的には、放射能を「将来的にがんにより死亡する確率の大きさ」として数値化したものと考えることができます〔*17〕。

　ミリは1000分の1、マイクロはミリのさらに1000分の1なので、

　　1シーベルト(Sv) = 1000ミリシーベルト(mSv)
　　1ミリシーベルト(mSv) = 1000マイクロシーベルト(μSv)

となります。なお、本書では、ベクレル、シーベルト、ミリシーベルト、マイクロシーベルトというカタカナ表記のほかに、特に表や式などの中でBq、Sv、mSv、μSvという表記も使います。

　人体への影響を論ずる時はシーベルトが使われます。繰り返しになりますが、日本政府が定めている基準の背後にあるモデルでは、放射線に晒されたことが理由で致死的な癌を患う人が、

　　1ミリシーベルト　だと　20000人　に　1人
　　10ミリシーベルト　だと　2000人　に　1人
　　100ミリシーベルト　だと　200人　に　1人

出ることになります。

　特に2011年4月以降、水や野菜、魚などの放射能汚染

が頻繁に報道されています。第4章で具体的に見ますが、食品の放射性物質に関する暫定基準値はベクレルで与えられています。ベクレルで表される量がシーベルトでどのくらいになるかは、最も基本的なレベルで情報を理解するためにも、安全をめぐる判断を下すためにも重要です。例えば、自分がわかる範囲で被曝する線量を0.3ミリシーベルトに抑えるためには、何ベクレルまで大丈夫なのか、知りたい人は多いでしょう。

ICRPや原子力安全委員会は、ベクレルからシーベルトを導く「実効線量係数」を定めていますが〔*18〕、両者の関係は年齢、放射性物質の種類、様態、摂取の経路などによって異なるため、単純ではありません。実効線量係数を定めたICRPの報告書には膨大な表が付与されています。

このうち、特に報道されることの多いヨウ素131とセシウム137について、ICRPと原子力安全委員会の定める実効線量係数を表1にあげます（この係数はベクレルをミリシーベルトに換算するものです）。経口摂取は食べ物などを胃に取り込む場合、吸入摂取は気体を肺に取り込む場合です。ICRPの係数は、吸入摂取についてさらに細かく分かれており、（急）は、吸い込んだ粒子の溶解と吸収が早い場合、（中）は中くらいの場合、（緩）はゆっくりの場合（緩慢吸収）となっています。表の実効線量係数を使った換算プログラムをhttp://panflute.p.u-tokyo.ac.jp/~kyo/dose/で公開していますので、ネットにアクセスできる方は、ご活用ください。

	ICRP			
年齢	経口摂取	吸入摂取(急)	吸入摂取(中)	吸入摂取(緩)
3カ月	0.00018	0.000072	0.000022	0.0000088
1歳	0.00018	0.000072	0.000015	0.0000062
5歳	0.0001	0.000037	0.0000082	0.0000035
10歳	0.000052	0.000019	0.0000047	0.0000024
15歳	0.000034	0.000011	0.0000034	0.000002
成人	0.000022	0.0000074	0.0000024	0.0000016

原子力安全委員会		
年齢	経口摂取	吸入摂取
乳児(〜1歳)	0.00014	0.00013
幼児(〜4歳)	0.000075	0.00006
成人	0.000016	0.000015

表1(a) 放射性ヨウ素131の実効線量係数

	ICRP			
年齢	経口摂取	吸入摂取(急)	吸入摂取(中)	吸入摂取(緩)
3カ月	0.000021	0.0000088	0.000036	0.00011
1歳	0.000012	0.0000054	0.000029	0.0001
5歳	0.0000096	0.0000036	0.000018	0.00007
10歳	0.00001	0.0000037	0.000013	0.000048
15歳	0.000013	0.0000044	0.000011	0.000042
成人	0.000013	0.0000046	0.0000097	0.000039

原子力安全委員会	
経口摂取	吸入摂取
0.000013	0.000039

表1(b) 放射性セシウム137の実効線量係数

ICRPの実効線量係数を使うと、例えば1リットルあたり200ベクレルの放射性ヨウ素を含む水を成人がちょうど1リットル飲んだときのシーベルトの値は、

$200 \times 0.000022 = 0.0044$ ミリシーベルト

となります。一方、1歳の乳児が飲んだ場合には、

$200 \times 0.00018 = 0.036$ ミリシーベルト

となり、同じベクレルでも、乳児には1桁高い影響を与えることがわかります。

ここで、2点、補足しておきましょう。

例えばヨウ素131を成人が1万ベクレル経口摂取したとすると、0.22ミリシーベルトに相当します。ところで、ヨウ素131の半減期は8日強で、体内に入ってからも減っていくはずですから、実際の影響は、0.22ミリシーベルトよりも小さくなるのではないかとの疑問が生じます。残念ながら、実効線量係数を使って変換されたシーベルトの値は、厳密には「預託実効線量」と呼ばれ、体内に入った放射性物質の影響を、その時間的な変化も含めて考慮したものです。考慮される時間は、大人の場合は50年、子どもの場合70歳までの期間となっています。つまり、半減期による減少や体外への排出による減少も考慮された値となっています。ですから、「200ベクレルの放射性ヨウ素

を経口摂取してしまったとき、0.0044ミリシーベルトになるけれど、体外に排出されたりするからそれより実際の値は少なくなるはずだ」といった議論は成り立ちません。文部科学省の「環境放射能データベース」に「食品から受ける放射線量（預託実効線量）」という項目があり、この点をわかりやすく解説しています〔*19〕。

また、食べ物や水の場合、測定されたときから口に入るまでの間に時間差があるので、放射性ヨウ素のように半減期が短い物質の場合、放射線の量は減っているはずです。それはどう考えるのでしょうか。実は、預託実効線量の計算は、次のように定義されます（やはり文部科学省の「環境放射能データベース」にある「預託実効線量」にわかりやすい解説があります〔*20〕）。

預託実効線量（mSv） ＝ 実効線量係数（mSv/Bq）
　　　　　　　　　　　× 年間の核種摂取量（Bq）
　　　　　　　　　　　× 市場希釈係数
　　　　　　　　　　　× 調理等による減少補正

ここでの「市場希釈係数」と「調理等による減少補正」が、測定された値と口に入るときの値の差を捉えるものですが、文部科学省の「環境放射能データベース」に「市場希釈係数と調理等による減少補正は必要があれば行います」と書かれているように、通常は、これらをいずれも1として計算します。特別強い理由がなければ、放射線量を

低く見積もってしまうと危険なので、測定された値と口に入る値を同じとみなす、ということです。第7章で見るように、これは、「安全」を考える際の一般的な考え方です。

4 基準と数値
報道を読み解く(1)

　第3章では、基準と被曝のパターン、そして単位を整理しました。必要最低限の準備は整いましたので、本章と次章では、報道を具体的に読み解いていくことにします。本章では、以下の点を確認します。

1. メディアにおける基本的な基準の位置づけ
2. 現在適用されているいくつかの基準や一般的な説明に現れる数値
3. 個別の状況について報じられる数値

　特に数値の確認は退屈かもしれませんが、重要なポイントですので、少し我慢してお付き合いください。

4.1　基準と規制値の位置づけ

4.1.1　メディアは本来の基準をどう報じているか

　東京新聞朝刊では、事故以来、5月末時点まで「放射線量の人体への影響」を示す図を毎日掲載しています。基準に関連する部分だけを表2に示します。4月上旬までは、4月6日のものと同じ図が、4月中旬以降は5月12日のもの

4月6日の図より	
mSv　1回	通算
0.05　胸のX線検診	
2.4	人が自然に浴びる量(年間)
6.9　胸部X線CT	
50	業務従事者が浴びる上限(年間)
100　がんになる可能性	

5月12日の図より	
mSv　1回	通算
0.05　胸のX線検診	
0.19　日米間を飛行機で往復して宇宙から浴びる量	
1.0	ICRPが定める医療、自然放射能以外に浴びてよい上限(年間)
2.4	人が自然に浴びる量(年間)
6.9　胸部X線CT	
50	業務従事者が浴びる上限(年間)
100　がんで死亡する確率が上昇	

表2　東京新聞に掲載された「放射線量の人体への影響」(一部)

と同じ図が用いられています。

　表にあがっている項目から、次のような興味深いことが

わかります。

1. 日本の法令が、一般公衆の被曝限度として1年間に1ミリシーベルトと定めていることが、表からはわかりません。4月6日の図では、1ミリシーベルトの値は掲載されていませんし、5月12日の図では1ミリシーベルトの値はあるものの、それはICRPの基準とされています。
2. 100ミリシーベルトのところに「がんになる可能性」(4月6日)、「がんで死亡する確率が上昇」(5月12日)と書かれています。けれども、3.1.1で確認したように、日本の法令を支える科学的な知見によれば、どの被曝線量を超えたら癌になるというような被曝線量の境界はありません。

ちなみに、人が自然に浴びる量として表にあがっている2.4ミリシーベルトは世界平均で、日本では、1.5ミリシーベルト程度です。

つまり、この概説図からは、法令で一般人の被曝線量上限が1年間に1ミリシーベルトと定められていることも、1ミリシーベルトの線量を浴びると致死的な癌になる確率が0.00005あることもわかりません。もちろん、記事や解説中で個別に「人が1年間に浴びてよい上限は1ミリシーベルト」といった説明がなされることはあります。そのような場合でも、それが日本の法令で定められた基準である

ことや、その背後にある科学的考え方に従えば1ミリシーベルトの被曝で致死的な癌を患う確率が0.00005上昇することも、把握しにくいことは少なくありません。

例えば、2011年3月12日付の日本経済新聞は、「放射線、年100ミリシーベルトで人体に影響」という見出しのもとに、

> ……人間が1年間に浴びる放射線量の基準は1ミリシーベルトまでとされている。実際に人体に影響が及ぶのは年間100ミリシーベルト前後とされる。

と報じています。

また、2011年5月4日付毎日新聞特集面では、「1年間の累積被ばく線量と基準」という表に「平常時の被ばく限度1」(ミリシーベルト)と書かれていますが、すぐ横に置かれた「「直ちに影響ない」の意味」という見出しの記事中で、100ミリシーベルト以上では、癌発生率が被曝線量に応じて直線的に増えるが、それ未満では「同様に癌発生率が増えるかどうかは、明らかな証拠がない」として、基準の背後にある科学的見解には言及することなく、科学者の間で意見が分かれると報じています。さらに同じページのまた別の記事で「「何ミリシーベルト以上で全員がん発症」とか、「何ミリシーベルト以下であれば絶対安全」という明確な境界線はありません」と書いているため、ますます何がなんだかわからなくなっています。

東京新聞の解説と日本経済新聞の記事は、人体に影響を与えるのは100ミリシーベルトの被曝からという印象を与え、毎日新聞の特集では基準の位置づけが曖昧なまま、様々な意見があるという印象が与えられます。

　飲酒可能な年齢を知っている人があまりいない状況で、5歳から酒を飲んでも影響がない、それどころか成長にプラスとなることを示すデータもある、いや、私の研究では何歳になっても飲酒は体に悪いといった、専門家の様々な見解を新聞が報じたとしましょう。そうした「科学的」見解をめぐる議論の中で、20歳より若いときは体に悪いから酒を飲んでよいのは20歳からだとされている、と専門家が発言しても、その発言が法律で定められた基準を確認したものであること、したがって、それは科学的な見解がどうであれ守らなくてはならないものであることは、曖昧になってしまいます。

　飲酒可能年齢については広く知れわたっているので混乱はないでしょうが、一般に人が年間に浴びることが許容される放射線量の上限については、飲酒年齢と比べて社会的に広くは知られていないので、こうした混乱はいっそう起こりがちです。これらの報道が、5つのレベルの配置にもたらす効果を、図3に示します。

4.1.2　政府とメディアは暫定規制値をどう報じているか

　2011年3月末以来、食品や水から放射性物質が検出さ

4 基準と数値

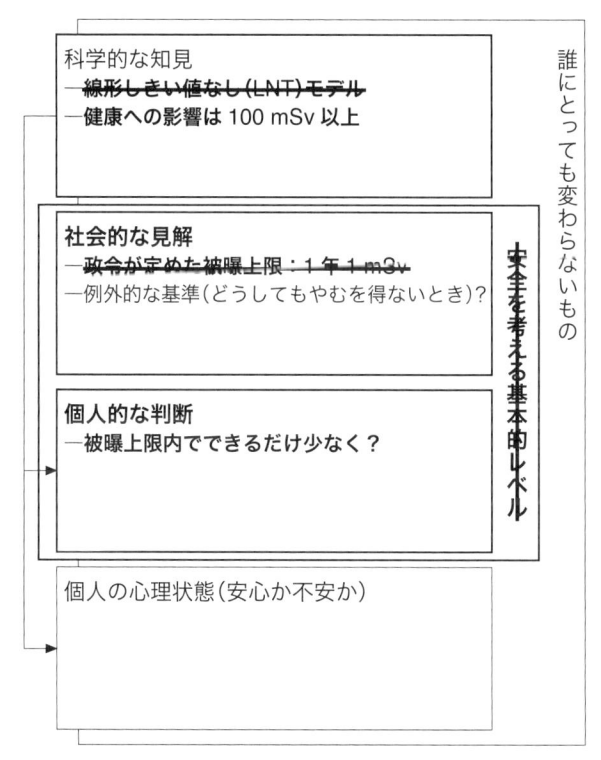

```
┌─────────────────────────────────┐  ┐
│ 科学的な知見                    │  │
│ ──線形しきい値なし(LNT)モデル──  │  │誰
│ ─健康への影響は 100 mSv 以上    │  │に
└─────────────────────────────────┘  │と
                                     │っ
┌─────────────────────────────────┐  │て
│ 社会的な見解                    │  │も
│ ──政令が定めた被曝上限：1年1mSv──│ │変
│ ─例外的な基準(どうしてもやむを得ないとき)?│ │わ
└─────────────────────────────────┘  │ら
                                     │な
┌─────────────────────────────────┐  │い
│ 個人的な判断                    │  │も
│ ─被曝上限内でできるだけ少なく?  │  │の
└─────────────────────────────────┘  ┘

┌─────────────────────────────────┐
│ 個人の心理状態(安心か不安か)    │
│                                 │
└─────────────────────────────────┘
```

(右側縦書き: 安全を考える基本的レベル)

図3　基準をめぐる報道の効果

れたため、厚生労働省が設けた暫定規制値に言及する報道が多く目につくようになりました。この暫定規制値はベクレルで表されるもので、表3のようになっています〔*21〕（なお、表では、のちの議論の便宜のため、東京新聞の2011年4月6日付朝刊に掲載された対応するミリシーベル

放射性ヨウ素		
	1KGあたりのBq	mSv換算
飲料水	300	0.0066
牛乳・乳製品	同	同
野菜類(根菜・芋類を除く)	2000	0.0440

放射性セシウム		
	1KGあたりのBq	mSv換算
飲料水	200	0.0026
牛乳・乳製品	同	同
野菜類	500	0.0065
穀類	同	同
肉・卵・魚・その他	同	同

表3　成人の暫定規制値

トへの換算値もあげておきます)。

　この暫定規制値については、安全を重視した保守的な数値だとの報道が繰り返されました。枝野幸男官房長官は「非常に保守的な数値だ」(2011年3月22日)と述べていますし、3月29日付で共同通信は

　　内閣府の食品安全委員会は29日、福島第1原発事故を受けて政府が急きょ設定した放射性物質に関する食品衛生法の暫定基準値について、「十分に安全側に立ったものと考えられる」とする評価をまとめた。報告を受けて、厚生労働省が基準値を確定する。

(「食品の暫定基準値「十分に安全」 食安委、緩和は判断せず」)

と報じています。

東京新聞2011年4月14日付の記事「放射性物質の汚染 基準内の食品冷静な対応を 「被ばく」積算量には注意」の中でも、放射線工学を専門とする名古屋大学大学院教授井口哲夫氏の

規制値はかなり保守的に厳しく設定された数値。基準内で流通する食品を食べる限り、健康に影響はない

という発言が紹介されています。

4.1.3 水の基準

2011年3月23日、東京の金町浄水場から1リットル当たり210ベクレルの放射性ヨウ素131が検出されました。これは日本政府が定めた暫定的な乳児向け規制値である100ベクレルの2倍以上です（ちなみに大人の暫定規制値は表3にあるように300ベクレルです）。ネットでは、水1リットル（キロ）当たり300ベクレルについて、国際基準3000ベクレルの10分の1であり、安全性について厳しい基準を採用しているといった情報が見つかります。これは、世界保健機構の状況報告第13号にも書かれています

〔*22〕。

　そこで、

　　1リットル当たり300ベクレル

の位置づけを考えましょう。

　飲料水については、WHOが報告書を出しており、日本語にもなっています〔*23〕。報告書の203〜204ページに、表9-3「飲料水中の放射性核種のガイダンスレベル」があり、ヨウ素131（131I）を見ると、

　　1リットル当たり10ベクレル

となっています。これと比べると、暫定基準値の1リットル当たり300ベクレルというのは30倍高い値です。

　ところで、この資料の202ページには、次のように書かれています。

　　これらのレベルは、一年以上前の核事故で放出された放射性核種にも適用できる。表9.3の放射能濃度の値は、その年に摂取された飲料水中の濃度がこの値を超えなければ、各放射性核種につきRDL 0.1 mSv（ミリシーベルト）／年に相当する。……しかし、事故直後の1年間は、BSS（IAEA, 1996）並びにその他のWHOおよびIAEAの関連刊行物（WHO, 1988; IAEA, 1997, 1999）

に記載されているように、食材に関しての一般的アクションレベルが適用される。

確かに、本書を執筆している2011年4月から5月は「事故直後の1年間」に相当します。そこで、BSSなどに記載された基準が適用されることになります〔*24〕。それによると、コウ素131の線量レベルは、やむを得ない場合の上限として

　水1キロにつき3000ベクレル

とされていることがわかります。日本政府の

　水1キロにつき300ベクレル

という暫定基準が「厳しい・安全な」基準だというのは、IAEAとWHOの緊急時に適用される基準を起点としたものであることがわかります。

事実として、確かに緊急時に国際的に認められた基準の上限と比べると厳しいと言えるのですが、平時の基準から見ると30倍になっています。平時の基準に言及することなしに、こうした規制値を「厳しい」「保守的な」「安全な」基準と言うことで、もともとの基準はさらに片隅に追いやられます。暫定規制値をめぐる報道により、基準と安全の配置は、図4のように描き出されることになります。

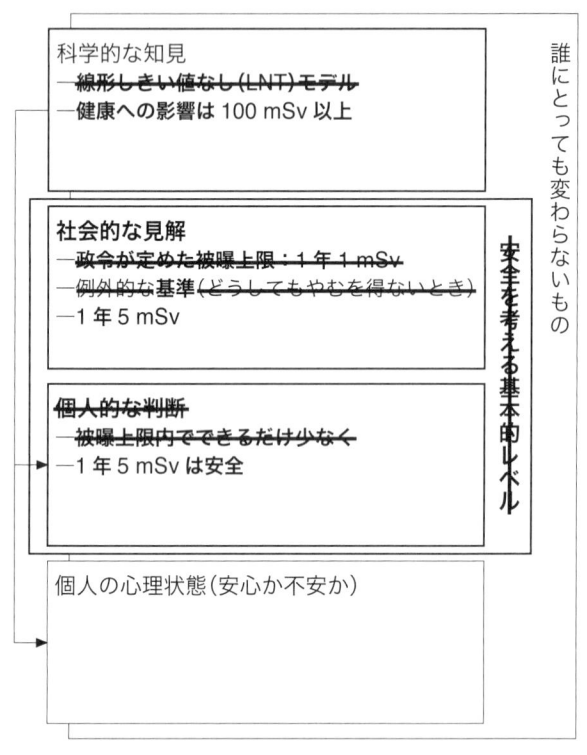

```
┌─────────────────────────────────────┬──┐
│ 科学的な知見                        │誰│
│ ─線形しきい値なし(LNT)モデル─      │に│
│ ─健康への影響は 100 mSv 以上        │と│
│                                     │っ│
├─────────────────────────────────┐   │て│
│ 社会的な見解                    │   │も│
│ ─政令が定めた被曝上限：1年1mSv─│   │変│
│ ─例外的な基準(どうしてもやむを得ないとき)─│   │わ│
│ ─1年 5 mSv                      │   │ら│
│                                 │   │な│
├─────────────────────────────────┤安 │い│
│ ─個人的な判断─                  │全 │も│
│ ─被曝上限内でできるだけ少なく─  │を │の│
│ ─1年 5 mSv は安全                │考 │   │
│                                 │え │   │
├─────────────────────────────────┘る │   │
│ 個人の心理状態(安心か不安か)       │基 │   │
│                                     │本 │   │
│                                     │的 │   │
│                                     │な │   │
│                                     │レ │   │
│                                     │ベ │   │
│                                     │ル │   │
└─────────────────────────────────────┴──┘
```

図4　基準をめぐる報道の効果(2)

4.2　暫定規制値を検討する

　ここで言われている「安全」、「健康に影響がない」といった言葉の意味を数値から検討してみましょう。

4 基準と数値

　毎日新聞は、2011年3月29日、放射性セシウムについて、

　　野菜や飲料水に含まれる放射性物質の健康への影響を議論している内閣府の食品安全委員会は29日、放射性セシウムの基準は現在の暫定規制値の根拠となっている年5ミリシーベルトが妥当との見解をまとめ厚生労働省に通知した

と報じています。ここから、暫定規制値は、最初から、1年間1ミリシーベルト、すなわち、「この限度以下であれば、放射線による障害は、発生するとしてもその可能性は極めて小さく社会的に容認し得る程度のものと考えられている」（原子力安全委員会）値よりも大きく設定されていることがわかります。1年間1ミリシーベルトでも必ずしも安全とは言えなかったことに注意すると、本来の基準に従えば、1年間5ミリシーベルトが安全であるとは言えないことも明らかです。ちなみに、日本政府が基盤としている（はずの）モデルに従えば、これは、4000人に1人が致死的な癌を患う被曝量です。
　数値になれるためにも、もう少し丁寧に、個別の品目に対する規制値で、一体どのくらいの被曝になるのかを確認してみましょう。最初に、暫定規制値表中のベクレルを、ミリシーベルトに換算してみます。3.3の表1に示した実効線量係数を使います（ネットにアクセスできる環境に

ある方は、3.3で紹介した換算プログラムを使って計算してみてください)。ICRPの基準を使って年齢を「成人」とし、水や食べ物は経口摂取なので経口摂取の換算係数を使うと、ヨウ素については

300 (Bq) × 0.000022 = 0.0066 (mSv)
2000 (Bq) × 0.000022 = 0.044 (mSv)

また、セシウムについては、

200 (Bq) × 0.000013 = 0.0026 (mSv)
500 (Bq) × 0.000013 = 0.0065 (mSv)

となります。東京新聞があげた数値とすべて合致することが確認できます。原子力安全委員会の線量係数を使った計算は、皆さんでやってみてください。

これに基づいて、まず、水を例に年間の被曝量を見積もってみましょう。仮に1日1リットルの水を飲むとすると〔*25〕、1年間で365リットル飲むことになります。規制値ぎりぎりの放射性ヨウ素を含む水を1年間飲み続けたとすると、

365 × 0.0066 = 2.41 (mSv)

となり、日本政府が規定している一般人の被曝上限1年間

1ミリシーベルトを超え、癌で死亡する確率は0.00012になります。本来の基準の上限では、被曝による癌で命を落とす人は

 20000人　に　1人

でしたが、暫定規制値ぎりぎりの水を飲みつづけた場合、

 8333人　に　1人

に増えることになります。
　野菜類も考えてみましょう。厚生労働省が行った2008年度調査の結果〔*26〕によると、日本人は1人あたり平均1日295.3グラムの野菜を食べているそうです。規制値ぎりぎりの放射性セシウムを含んだ野菜を1年間食べつづけるとすると、成人の場合、

$$0.295 \times 365 \times 0.0065 = 0.70 \text{ (mSv)}$$

となり、1ミリシーベルトを下回りますが、放射性ヨウ素では、

$$0.295 \times 365 \times 0.044 = 4.74 \text{ (mSv)}$$

となり、平時基準の許容量を大きく超えます。これは、規

制値ぎりぎりの放射性ヨウ素を含んだ野菜を1年間食べつづけた人が約4200人いると、そのうち1人はそれを理由とする癌で命を失うという値です。もちろん、規制値ぎりぎりの放射性物質を含んだ水を1年間飲みつづけたり、野菜を1年間ずっと食べつづけることは現実にはほとんどないでしょうが、「基準内で流通する食品を食べる限り、健康に影響はない」と言い切ることはできないことがわかります。

　実は、2002年3月に厚生労働省が出している「緊急時における食品の放射能測定マニュアル」[*27]では、事故後1カ月から1年間の内部被曝を年間1ミリシーベルトに抑える観点から、放射性セシウムの分析目標レベルを、

　牛乳・乳製品 1リットルあたり20ベクレル
　野菜類、穀類、肉・卵・魚・その他 1キロあたり50ベクレル

としていました。この目標値も内部被曝だけで1年間に1ミリシーベルトを許容するという意味では緩いのですが、現在の暫定規制値はこれと比べても大幅に緩い基準となっているのです。

　ところで、東京新聞の紹介は、安全を主体的に考えるという観点から少し問題があります。記事で記載されていたベクレルとミリシーベルトの換算に使われている実効線量係数は、実際には成人向けなのですが、掲載されているミ

リシーベルトの値が成人向けの換算によるものであることも、ベクレルは同じでも年齢によってミリシーベルトに換算した値は異なることも、どこにも説明されていないのです。このため、情報自体は一定の前提のもとでは誤っていないにもかかわらず、読者は判断を誤る恐れがあります。

ちなみにヨウ素131の場合、乳児（3ヶ月〜1歳）では、飲用物に関する規制値が1リットルあたり100ベクレルなので、

$100 \,(\mathrm{Bq}) \times 0.00018 = 0.018 \,(\mathrm{mSv})$
$2000 \,(\mathrm{Bq}) \times 0.00018 = 0.36 \,(\mathrm{mSv})$

となります。シーベルト換算の値が成人と1桁違うことに注意してください。放射性ヨウ素の場合、乳児については、成人の10倍近くも大きな影響を与えてしまうのです。

東京新聞の説明以外でも、ベクレルが与えられたときに、年齢による要因を考慮した細かい値をあげることなく、成人の値を「人の体への影響」とする記述は少なからず見られます。

メディアの数値が、単純に誤っていることもあります。例えば、東京新聞の2011年4月13日付朝刊では、放射性ヨウ素の「飲料水／牛乳・乳製品」について、表に示した大人向け基準に加えて、「乳児は100（ベクレル）」という記述が追加されています。ところが、対応するミリシーベルト換算の値は、

0.0022（mSv）

となっていました。すぐ上で見ましたが、乳児の場合、

100 (Bq) × 0.00018 = 0.018 (mSv)

が正しい換算値です（東京新聞にこの点を指摘したところ、4月14日付朝刊からは正しい値が記載されるようになりました）。

4.3　個別の報道で数値はどう扱われているか

　具体的な報道を見てみましょう。金町浄水場から乳児の暫定基準を超す放射性ヨウ素131が検出されたことを受け、国立がん研究センターの嘉山孝正理事長らは2011年3月28日午後、緊急記者会見を開きました。2011年3月28日付で共同通信が配信した記事は、次のように報じています。

　放射性ヨウ素による健康被害は若いほど、特に乳児に対して大きい。東京都水道局の浄水場では22日に、水道水1キログラム当たり210ベクレルの放射性ヨウ素を検出、乳児の基準100ベクレルを超えた。だがこれは216リットルを飲むと、1ミリシーベルトの被ばくを受けるという量。伊丹科長は「実生活で問題になる量ではなく、ヨウ素

剤が必要となるような被ばくでもない」とした。

検出されたのは、乳児の基準を超える量ですから、まずは乳児への影響を考える必要があります。この記事では1リットルあたり210ベクレルの水を216リットル飲むと、1ミリシーベルトになる、となっています。

$210 \times 216 = 45360$ (Bq)

ですから、チェックするのは、4万5360ベクレルをシーベルトに換算するといくつになるか、という点です。水ですので経口摂取、乳児の実効線量係数はICRPで0.00018、原子力安全委員会で0.00014ですから、

$45360 \times 0.00018 = 8.1648$ (mSv)（ICRP）
$45360 \times 0.00014 = 6.3504$ (mSv)（原子力安全委員会）

となります。記事は乳児に与える影響が、本来の6分の1から8分の1であるかのような印象を与えていることになります。

では、1ミリシーベルトという値はどこからでてきたのでしょうか。実は、ICRPの成人向け実効線量係数0.000022を使うと、

$45360 \times 0.000022 = 0.99792$ (mSv)

となり、ほぼ1ミリシーベルトですから、成人を想定してベクレルをシーベルトに換算していたのではないかと推測することができます（ちなみに原子力安全委員会の係数を使うと、0.72576ミリシーベルトとなります）。

　この記事では成人を想定してベクレルをシーベルトに換算していること、乳児が210ベクレルの放射性ヨウ素を含む水を216リットル飲むと、平時の基準である年間1ミリシーベルトを大きく越えることがわかりました。日本の法令が定める1年間1ミリシーベルトという制限を支える科学的知見に従えば、1ミリシーベルト被曝すると0.00005だけ癌で死ぬ確率が高まるとされていますから、8.16ミリシーベルトの被曝を受けたことにより癌で死ぬ確率は、

$$0.00005 \times 8.16 = 0.000408$$

となります。これは、約2500人の乳児がこの線量の被曝を受けたとすると、そのうち1人がそれが理由で癌になるという量です。

　もうひとつ例を検討しましょう。朝日新聞2011年3月20日付の次のような記事があります。

　　福島県の農場で19日に採れた牛乳を分析したところ、福島第一原発から約40キロ離れた飯舘村では、約1リットルからヨウ素が5200ベクレル（規制値の約17倍）、セ

シウムが420ベクレル（同約2倍）検出された。規制値を超えた農場の牛乳は市場に出回っていないという。県は安全性が確認されるまで県内全ての牛乳の出荷自粛を酪農家に要請する。

　この値の牛乳を約1リットル飲んだとすると、人の体への影響は約120マイクロシーベルト程度。人が1年間に浴びてもいい放射線限度量は1千マイクロシーベルトだ。

ICRPの係数を使って成人で計算すると、

　ヨウ素　5200 (Bq) × 0.000022 = 0.1144 (mSv)
　セシウム　420 (Bq) × 0.000013 = 0.00546 (mSv)

となりますから、ヨウ素とセシウムの値を足して、

　0.1144 (mSv) + 0.00546 (mSv) = 0.11986 (mSv)

になります。1ミリシーベルトは1000マイクロシーベルトですから、0.11986ミリシーベルトは約120マイクロシーベルトです。朝日新聞の記事の数値と合致していることがわかります。

　けれども、1歳の子どもについて計算すると、まったく異なる値が出てきます。ICRPの1歳に対する係数を使うと、

ヨウ素　5200（Bq）× 0.00018 ＝ 0.936（mSv）
　セシウム　420（Bq）× 0.000012 ＝ 0.00504（mSv）

ですから、両者の値を足すと、

0.936（mSv）＋ 0.00504（mSv）＝ 0.94104（mSv）

となります。マイクロシーベルトに直すと941マイクロシーベルト。これだけで、「人が1年間に浴びてもいい放射線限度量」である「1千マイクロシーベルト」ぎりぎりの値になります。
　2011年4月4日、福島第一原発沖で採れたコウナゴから1キロあたり4080ベクレルの放射性ヨウ素が検出されたことが報じられました。私自身が視ていないので確実ではありませんが、ネット上の情報によると、その翌日、テレビ朝日の番組「モーニングバード」で、ある出演者が、

　　コウナゴの放射性ヨウ素4080ベクレルという値は、毎日1キログラム1年間食べ続けたとしても、レントゲン1回分の放射線量にすらならない

と発言したと言われています。
　成人を想定し、実際に計算してみましょう。毎日1キロ4080ベクレルを365日食べるとすると、365キロ食べることになります。ICRPの係数を使うと、

$4080 \times 365 \times 0.000022 = 32.76$ (mSv)

となりますし、原子力安全委員会の係数によれば

$4080 \times 365 \times 0.000016 = 23.83$ (mSv)

となります。「レントゲン」を、普通に胸部X線検診と考えるならば、1回0.05ミリシーベルトですから、数値は数十倍も違うことになります。胸部X線CTの6.9ミリシーベルトと比べても、数倍多くなることがわかります。

4.4 ベクレルとシーベルトについて、もう少し

報道の分析からそれますが、ここでは数値の変換と扱いについて補足します。また、本章ではこれまで、飲食品の汚染に関する情報を多く扱ってきたので、ここでは他の汚染も取り上げることにします。

4.4.1 本来の基準内に収めるには

せっかく基準を確認したのですから、逆から考えて、どれだけ食べると基準をオーバーするかを考えてみましょう。放射性ヨウ素のみで1ミリシーベルトを経口摂取する場合を想定し、成人について対応するベクレルを求めると、ICRPの係数では、

$$1 \div 0.000022 = 45454.55 \, (\text{Bq})$$

となります。4.3末尾で取り上げたコウナゴには1キロあたり4080ベクレルの放射性ヨウ素が含まれていましたので、

$$45454 \div 4080 = 11.14 \, (\text{kg})$$

です。約11キロ食べると、それだけで年間の被曝上限を超えることになります。

　また、同じ報道ではレントゲンの話も出てきましたので、どのくらい食べるとレントゲン1回分になるかも計算してみましょう。胸部X線検診は0.05ミリシーベルトですから、ICRPの成人の係数を使うと、

$$0.05 \div 0.000022 = 2272.73 \, (\text{Bq})$$

になります。報じられたコウナゴを600グラム食べると、胸部X線検診を1回受けたことにほぼ相当します。1日20グラムずつ食べると（1カ月で600グラムになりますから）月に1回X線検診を受けるのに等しいことがわかります。原子力安全委員会の係数を使った計算は、皆さんもやってみてください。

4.4.2　空間放射線による外部被曝

　文部科学省は、各県で、空間放射線量を継続して測定し、公開しています〔*28〕。このデータは2011年3月15日から、毎日2回公開されています。値は1時間当たりのミリシーベルトで与えられ、場所によっては欠けている値もありますが、基本的に1時間ずつ、継続的に計測されているものです。事故前の最大値も掲載されているので、本当に粗くですが、環境から、普段に加えて受けた外部被曝量の目安を計算することができます。

　例えば、茨城県水戸市について、データが公開されている3月15日17時から、区切りのよいところで4月30日24時までの積算被曝量を考えてみましょう〔*29〕。観測されたのは3月15日は8回、3月16日から4月30日までは24回 × 46日で1004回ですから、合計1112回です。これらをすべて足すと、

　199.27（μSv）

になります。

　事故前の最大値は、1時間あたり0.056マイクロシーベルト（ちなみに最小値は0.036マイクロシーベルト）となっています。これに、1112をかけると、同じ期間における事故前の最大値の合計は、

$62.272\ (\mu \mathrm{SV})$

であることがわかります。仮にこの分は東京電力の原発事故によるものではないと考えることにしましょう。そうすると、

$199.27 - 62.272 = 136.998\ (\mu \mathrm{SV})$

が、東京電力の原発事故による空間放射線からの被曝ということになります。事故前の最大値の積算を引いていますから、この値は、事故による放射線量の推定値のうちで最も低いものとなります。

ここから実際に人が受ける外部被曝量を考えるためには、最低限、次の点を考慮することが望ましいでしょう。

1. 文部科学省のデータは、空間放射線量の測定を目的としているため、一般に、高いところで測定されています。例えば水戸市では地上3.45メートルの場所で、東京都新宿区では地上18メートルの場所で測定されています。原発事故後、放射性物質が地面に降下したこともあり、地表近くの測定値は一般にこのデータより高くなる可能性があります。人間の被曝を考えるならば、より地面に近い場所で測定された値を使う方が現実的であり、それについて補正が必要となります。これを考慮すると、被曝量はここで計算した値よりも

大きくなると考えられます。

2. 一般に特に鉄筋コンクリートの屋内では、遮蔽効果により、放射線量は屋外よりも低くなります。例えば原子力資料情報室（http://www.cnic.jp）が新宿で継続的に測定している値を見ると、室内の値は、ときによって大きく違いますが、屋外の概ね半分程度のようです。自分がどの程度屋外にいるかを考えることで、被曝量の推定を多少なりとも実際に近づけることができます。ただし、建物の材質や人の出入り、室内の汚染状況などにより、どの程度低くなるかは大きく異なります。これを考慮すると、上の値はもっと小さくなります。

以上はとても粗い計算ですが、最低限の目安にはなります。ただし、放射線量は、それほど距離が離れていなくても、かなり違う場合があるため、より細かい推定のためには、そもそも文部科学省が公開しているデータでは観測点が少なすぎます。最近では、自治体でも、放射線量を測定し公開するところが増えていますが、残念ながら、それでもまったく十分ではありません。

4.4.3　放射性降下物の摂取による内部被曝

空間放射線量や飲食物の放射線量だけでなく、空中降下

物や土壌の放射性物質濃度についても、メディアで報じられることがあります。例えば、空中から降ってくる放射性の降下物について、朝日新聞は、2011年3月23日の記事で次のように報じています。

> 東京都新宿区で1平方メートルあたり5300ベクレルのセシウム137、3万2千ベクレルのヨウ素131を検出、前日に比べ、いずれも約10倍の濃度に上がった。健康に影響を与える値ではないが、長期に及ぶ監視が必要になる。

ちなみに、これは文部科学省が2011年3月18日から各地で測定し、ホームページで公開している定時降下物のモニタリング・データ〔*30〕で、午前9時から翌日午前9時までの24時間の量です。ベクレルで示された値に基づいて、どのくらい被曝するかわからないまま「健康に影響を与える値ではない」と言われても、不安になります。また、他の経路で受けた被曝と合わせて、自分が受けた被曝量を推定するためにも、シーベルトに換算できると有用です。

空中から降下してくるのだから、主に呼吸によって取り込まれるだろうと想定すると、日本人男女の平均呼吸率が参考になりそうです。1時間あたり、睡眠中や安らかに寝そべっているときは、0.37立方メートル、座った姿勢で活動しているときは0.60立方メートル、立った姿勢の軽い活動で0.91立方メートル、家事の身体活動は1.17立方メートル、活動的な娯楽で1.88立方メートル、速歩きで

1.93立方メートルとされています〔*31〕。

けれども、呼吸率が1立方メートルあたりなのに対して、降下物量は1平方メートルあたり、すなわち落ちたものなので、降下物量の空中での分布はよくわかりません（いくつかの条件を設定すれば推定することはできます）。このようなときは、実際の状況をできるだけ正確に再現しようとするかわりに、一番極端な状況を含むいくつかのパターンを考えると目安を得ることができます。吸入摂取にこだわることもやめて、極端な状況を考えてみましょう。

- 成人が、1平方メートルに降下した放射性ヨウ素をすべて経口摂取した場合（地面を1平方メートル丁寧に舐めた場合を想像しましょう）、3.3の表1から、ICRPの係数0.000022を使うと、

    32000 (Bq) × 0.000022 = 0.704 (mSv)

 となります。この日1日の量だけで、1年間の許容値1ミリシーベルトにだいぶ近い値であることがわかります。これだけの降下物が2日続き、1平方メートルあたりの放射性降下物をすべて経口摂取すると、1ミリシーベルトを超えることになります。

- すべて吸入した場合、すぐに吸収したとして、ICRPの係数は0.0000074なので、

$$32000 \text{ (Bq)} \times 0.0000074 = 0.2368 \text{ (mSv)}$$

となります。5日続けば、1ミリシーベルトを超えます。

　このような計算は、想定が非現実的で、かなりいい加減に思われるかもしれません。けれども、正確なところが十分わからない場合には、色々な条件を検討する必要があります。その中で、極端な状況を考えるのは、もっとも基本的なことのひとつです〔*32〕。

5　安心と安全の語り
報道を読み解く（2）

5.1　事後の視点と事前の視点

5.1.1　医師が語る放射線のリスク

2011年3月20日、毎日新聞は、「Dr.中川のがんから死生をみつめる:/99　福島原発事故の放射線被害、現状は皆無」という記事を掲載しました。放射線医療の専門医である東京大学の中川恵一氏の発言を紹介したもので、記事中、次のような記述があります。

> 100ミリシーベルト以上の被ばく量になると、発がんのリスクが上がり始めます。といっても、100ミリシーベルトを被ばくしても、がんの危険性は0.5％高くなるだけです。そもそも、日本は世界一のがん大国です。2人に1人が、がんになります。つまり、もともとある50％の危険性が、100ミリシーベルトの被ばくによって、50.5％になるということです。たばこを吸う方が、よほど危険といえます。

これまで紹介してきたICRPの基準では、1ミリシーベルトでも0.005％癌で死亡するリスクがありますが、ここ

では、その点についてでも（個別の科学的知見ではなく社会的な基準が重要であることはすでに確認し、日本で受け入れられている基準についても確認しました）、たばことの比較（5.2で取り上げます）でもなく、「0.5％」という数値と、「危険性」「危険」といった言葉との関係を考えてみます。

2011年3月20日、本当に状況がどうなるかわからない初めての事態に不安を感じている中で、この記事を読んで、「安心」した方は少なくないのではないでしょうか。「とんでもない」と思われた方もいると思いますが、私自身も、実は、少し安心を覚えたひとりです。

ところで、この0.5％という数字を少し別の視点から見てみましょう。200個の果物が入っている箱があるとします。そのうち199個がリンゴで、1個が伊予柑だとすると、

　箱の中の伊予柑　は　0.5％

です。つまり0.5％は、200に1つということです。

ある学校に、200人の生徒がいたとします。0.5％はそのうちの1人ですから、200人の生徒全員が100ミリシーベルト被曝すると、

　生徒のうち1人は、それが理由で癌になる

ということです。

5　安心と安全の語り

　この学校は、安全でしょうか？
　私が教育委員会の委員か校長先生だったら、安全ではないと判断します。皆さんは、どう判断しますか？　癌になるのは将来のことなので実感しにくいかもしれませんから、次の状況を想像してみましょう。

　　ある学校の生徒200人につき1人を、無作為に選んで命を奪うという脅迫があった。過去の事態から、その脅迫が深刻に受け止めるべきものであることもわかっている。

　この状況を安全と判断するでしょうか？　おそらく、ほとんどの人が安全ではないと判断すると思います。このときには、学校が警戒を強化するなど緊急の対策を取ることは、ほぼ確実です。
　東京都には、現在、約1300万人の人がいます。全員が100ミリシーベルト被曝したとすると、

　65000人が、それが理由で癌になる

と予測されます。
　また、LNTモデルでは、10ミリシーベルトのときでも、発癌のリスクは0.05%ですから、

　2000人に1人は、それが理由で癌になる

ことになります。ちなみに私が卒業した高校には、各学年に450人くらい生徒がいましたので、学校全体で1350人の生徒、ですからそれが理由で癌になる生徒が1人出る可能性はかなりあります。

この学校は安全だと言えるでしょうか？

先の脅迫が、200人に1人ではなく2000人に1人の命を奪うものだったとしましょう。この場合でも、ほぼ確実に、学校では、警戒を強化したりなどの緊急対策を取るのではないでしょうか。

脅迫の例は、今いる生徒が今傷つけられる状況で、今いる生徒が一生のうちに癌で死ぬ状況とは少し違うと言えるでしょうか。確かに、心理的な危機感は違うかも知れません。けれども、後者の場合も、今の状況が理由で今いる生徒が影響を受ける、という点は同じです。違うのは、その影響がいつ出るか、だけです。現在の状況に対処しなかったために被害が出たときの責任の重さは、本質的には同じはずです。

以上から、人によっても判断は異なるでしょうが、同じ0.5％の危険について、

50％が50.5％に増えるだけだから「安心」
200人に1人だから「安全」ではない

という、異なった感覚を抱く可能性があることがわかります。ちなみに、安全について言うと、特定の状況で判断を

問われたならば、私自身は、

　20000人に1人でも安全ではない

と考えます。同じ状況をめぐって、同じひとりの人の中でも、個人的に安心するかどうかと、社会的に安全と考えるかどうかは、とても大きく異なる場合があるのです。

5.1.2　事後と事前

　この違いを、もう一歩踏み込んで考えてみることにしましょう。実は、ここでは、「事後」の視点と「事前」の視点の差が、違いを生み出すひとつの大きなポイントとなっていることがわかります。

　一部の例外を除けば、医師が話しかける相手は、基本的に、すでに病気になった人、病気になる原因を有する人、あるいは病気になるのではないかと現実的に心配している人です。そして、医師はそのつど一人ひとりの患者に語りかけます。つまり、医師の話は、すでに困った状況にある人に、事後的に困った状況に対処し、事後的な観点から患者が「安心」するように話すことが基本なのです。典型的には、次のような会話です。

　「先生、私、苦しくて痛いのです」
　「それではちょっと診てみましょう。なるほど、……で

すね。……が進展すると大変になることもありますが、大変になるのはせいぜい200人に1人ですし、心配しすぎるとかえって体に悪いですから、あまり考えすぎないようにしましょう」
「大丈夫でしょうか？」
「大丈夫、このくらいなら安心ですよ。では、……しましょう。あとでお薬もお出しします」

　日常生活でも、事後の語りは様々な場所で使われます。Xさんの大切な植木の鉢を壊してしまい、悩んでいる子どもに、

　　「謝りにいこうよ。謝ればきっと許してもらえるから」

というのも、植木鉢を壊してしまったという事実を前提とした、事後の言葉です。ここには、

　　謝罪すれば許してもらえる

という考えが含まれています（もちろん、実際には許してもらえないこともあるでしょうが、それはここでの論点には関係しません）。
　ところで、この、「謝罪すれば許してもらえる」という考えを、事前に適用するとどうなるでしょうか。

5　安心と安全の語り

　「謝れば許してもらえるのだから、植木鉢を割ってしまえ」
　「どうせ謝れば許してもらえるから、植木鉢など、どんどん割ろう」

「謝罪すれば許してもらえる」という考えを事前に適用し、気を許すと、このような態度になってしまいます。これは、とても奇妙です。ここまで極端ではない、

　「植木鉢を割らないように気をつけようよ」
　「間違って割っても謝れば許してもらえるから、気をつけなくてもいいでしょう、気楽に行こうよ、大丈夫」

という状況でも、間違って割ってしまう可能性があることがこれまでの経験からわかっているならば、やはり少し変です。こうした態度は無責任と呼ばれることがあります。
　この例から、0.5％のリスクをめぐる評価の違いがどこから来るのか、より明らかになったと思います。「100ミリシーベルトの被曝をしたとしても、癌になるリスクは0.5％増えるだけだから」という言葉は、何よりもまず、何かの理由で100ミリシーベルトの被曝を受けてしまった人に向けられる「安心」レベルの言葉です。そこから少し拡大して、「何らかの理由で100ミリシーベルトの被曝をしてしまったとしたら」と、未来に「事後」になってしまう可能性を想定して不安になる人々に向けられたときに有

効なものです。そして、こうした安心の言葉は、本来、医師の場合に典型的に見られるように、治療などの実践的な対策に随伴することで効果を持つものです。

これに対して、「安全」を考えるときの視点は、基本的に、例えば「まだ100ミリシーベルトにはならないけれど、そうなる可能性があるとすると」という、事前の視点です。このとき、

　　100ミリシーベルトでも、200人に1人しか癌にならないのだから

と考えると、とても大きな危険を容認することになります。この視点からは、

　　10ミリシーベルトだと、2000人に1人しか癌にならないのだから

と考えることも、社会的には妥当ではありません。

3.1.3で見たように、交通事故の場合、死者は、1990年には約1万1010人に1人、2000年には約1万4000人に1人、2009年には約2万5950人に1人でした。放射線の被曝についても、

　　20000人に1人が致死的な癌になる

レベルである1年1ミリシーベルトまではかろうじて受け入れようというのが、日本における法令の位置づけでした。この値は「上限」です。すでに論じましたが、そのことは、1年間に1ミリシーベルトという基準を認めるからといって、1ミリシーベルト被曝する人が出る事態を平常認めてよいわけではないことを意味しています。

5.1.3　事後と事前を区別する

　東京電力の原子力発電所で大きな事故が起き、原子力緊急事態宣言が出され、大量の放射能が施設外に放出され、周辺住民が避難している状況ですから、巨視的に見ると、本書を執筆している2011年5月という時期は「事後」に相当します。

　けれども、そうした中でも、私たちは、学校を平常通りやるべきだろうか、子どもを避難させるべきだろうか、水道水は飲みつづけてよいだろうか、といった、今後のことに対して意思決定と対策を考えるべき様々な「事前」の状況に日々直面します。本書が想定している読者の多くにとっては、むしろ、「事前」の視点から考えなくてはならないことの方が多いかもしれません。そのような状況で個々人が情報に接するときには、「事前」の視点で安全を確保するための手がかりを求めることも多くなります。

　以上をふまえ、報道記事をいくつか見てみましょう。

県原子力安全対策課によると、検出された濃度のホウレンソウを、日本人の平均的な年間摂取量で１年間食べ続けても、被曝（ひばく）量は胸部ＣＴスキャン検査１回分の３分の１程度。「人体に影響を及ぼす程度ではない」という。
（「北茨城市のホウレンソウ、ヨウ素検出　規制値の12倍」朝日新聞2011年3月20日）……（A）

　東京都水道局の浄水場では22日に、水道水１キログラム当たり210ベクレルの放射性ヨウ素を検出、乳児の基準100ベクレルを超えた。だがこれは216リットルを飲むと、１ミリシーベルトの被ばくを受けるという量。伊丹科長は「実生活で問題になる量ではなく、ヨウ素剤が必要となるような被ばくでもない」とした。
（「原発事故、健康被害の心配なし　がんセンター緊急会見」共同通信2011年3月28日）……（B）

　約１リットルからヨウ素が5200ベクレル（規制値の約17倍）、セシウムが420ベクレル（同約２倍）検出された。規制値を超えた農場の牛乳は市場に出回っていないという。……この値の牛乳を約１リットル飲んだとすると、人の体への影響は約120マイクロシーベルト程度。人が１年間に浴びてもいい放射線限度量は１千マイクロシーベルトだ。
（「栃木ホウレンソウも放射性物質　畜農産物では３県

5　安心と安全の語り

目被害」朝日新聞2011年3月20日）……（C）

　（A）では「1年間」、（B）では「216リットル」という言葉が出てきます。基準が「年間」で設定されていることが多いため「1年間」で考えるのは必要ですし、数値を実感と結びつけるために「216リットル」を導入するのも、それ自体としては有用です。けれども、これらの記事が書かれた時点では、「1年間」「216リットル」というのはあくまで、すでに食べ続けたり飲み続けたりした期間や、すでに飲んだ量ではありません。私たちは、基本的に、ここで書かれた事態を前に、「事前」の立場に立っています。
　それに対して、記事の視点はどうでしょうか。記事の視点を明らかにするために、文の基本的なかたちを取り出してみると、次のようになります。

　（A）検出された濃度のホウレンソウを……1年間食べ続けても……「人体に影響を及ぼす程度ではない」。
　（B）水道水1キログラム当たり210ベクレルの放射性ヨウ素を検出……これは216リットルを飲むと……「実生活で問題になる量ではな」い。
　（C）この値の牛乳を約1リットル飲んだとすると、人の体への影響は約120マイクロシーベルト程度。人が1年間に浴びてもいい放射線限度量は1千マイクロシーベルトだ。

こうして見ると、(A) の記述は、

　「間違って割っても謝れば許してもらえるから、気をつけなくてもいいでしょう、気楽に行こうよ、大丈夫」

というパターンにとても近いことがわかります。(B) の場合、「ても」という表現がないことで多少緩和されていますが、やはり、どちらかというと

　「間違って割っても謝れば許してもらえるから、気をつけなくてもいいでしょう、気楽に行こうよ、大丈夫」

に近いかたちで言葉が配置されています。
　(A) そしてある程度まで (B) は、本来、事後的な「安心」を語るべき言葉として構成されているのに、記述されている内容が本来事前に安全を考えるべき状況に対応しているため、結局、事前に考慮されるべき「安全」を軽視してしまう言葉になっています。これに対して、(C) は中立的な情報の記述となっていて、(A) や (B) とは異なることがわかります。
　メディアでは、「安心」側に訴える語りが多く、「安全」の指針を示したりそれについて考えるための情報を提供している記事はあまり目につきません。むしろ、ここで見た (A) や (B) の記事のように、本来、専門家から事後に「安心」のレベルで語られるべきものが事前に語られること

5 安心と安全の語り

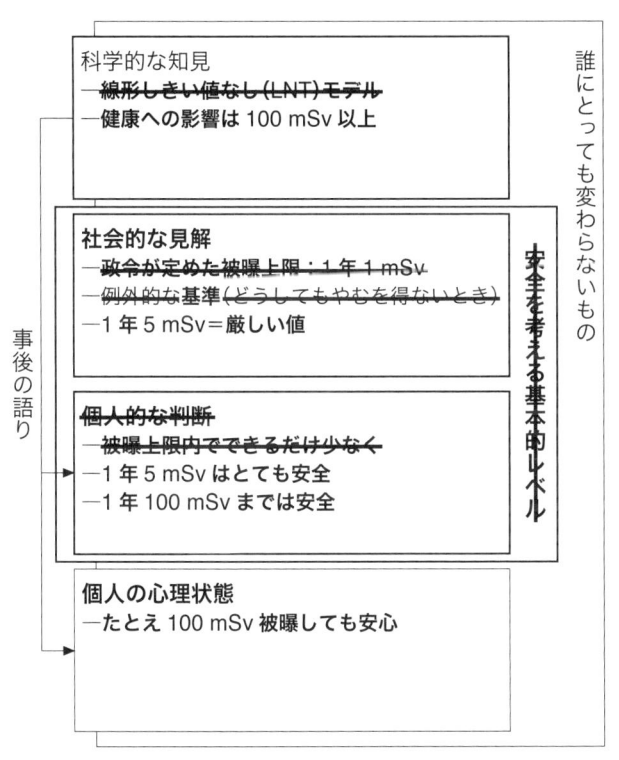

```
┌─────────────────────────────────────┐  誰
│ 科学的な知見                        │  に
│ ―線形しきい値なし(LNT)モデル        │  と
│ ―健康への影響は 100 mSv 以上        │  っ
│ ┌─────────────────────────────────┐ │  て
│ │ 社会的な見解                    │ │  も
│ │ ―政令が定めた被曝上限:1年1mSv   │ │  変
│ │ ―例外的な基準(どうしてもやむを得ないとき) │ │  わ
│ │ ―1年 5 mSv=厳しい値            │ │  ら
│ │ ┌─────────────────────────────┐ │ │  な
│ │ │ 個人的な判断                │ │ │  い
│ │ │ ―被曝上限内でできるだけ少なく │ │ │  も
│ │ │ ―1年 5 mSv はとても安全     │ │ │  の
│ │ │ ―1年 100 mSv までは安全     │ │ │
│ │ └─────────────────────────────┘ │ │  安
│ │ ┌─────────────────────────────┐ │ │  全
│ │ │ 個人の心理状態              │ │ │  を
│ │ │ ―たとえ 100 mSv 被曝しても安心 │ │ │  考
│ │ └─────────────────────────────┘ │ │  え
│ └─────────────────────────────────┘ │  る
└─────────────────────────────────────┘  基
                                         本
     事後の語り                          的
                                         レ
                                         ベ
                                         ル
```

図5　専門家が安心を語る効果

で、「安全」に対する個々人の判断を押し流してしまう結果になっている報道は少なくありません。この状況を、図5に示します。

5.1.4 「安心」の語りと基準の溶解

　専門家による「科学的知見」をもって、本来は事後的な状況で人を「安心」させるための語りが、適用されるべき状況を越えて安全の判断を押し流すとき、基準もまたさらに曖昧になってしまうことがあります。

　典型的な例は、上の記事（A）です。もう一度引用しましょう。

　　県原子力安全対策課によると、検出された濃度のホウレンソウを、日本人の平均的な年間摂取量で1年間食べ続けても、被曝（ひばく）量は胸部CTスキャン検査1回分の3分の1程度。「人体に影響を及ぼす程度ではない」という。
　（「北茨城市のホウレンソウ、ヨウ素検出　規制値の12倍」朝日新聞2011年3月20日）

　胸部CTスキャンによる被曝量は6.9ミリシーベルトですから、3分の1だと2.3ミリシーベルトで、本来の基準である1ミリシーベルトを越えています（胸部CTスキャンは、医療行為ですから、被曝の例外として扱われます）。

　同様の報道は、他にもあります。もうひとつ例を見ましょう。

　　枝野氏は、日本人の平均的な年間摂取量で、検出された

5　安心と安全の語り

放射性物質濃度の牛乳を1年間飲んだ場合でも被曝（ひばく）量は胸部CTスキャン1回分程度であり、ホウレンソウも同様の想定で被曝量は胸部CTスキャン1回分の5分の1程度、と説明。「ただちに健康に影響を及ぼす数値ではないということを十分ご理解いただき、冷静な対応をお願いしたい」と呼びかけた。
（「農産品から暫定規制値超える放射能「健康に影響ない値」」朝日新聞2011年3月19日）

　牛乳1年間で6.9ミリシーベルト、ホウレンソウは1.38ミリシーベルト、いずれも法令で定められた1年間1ミリシーベルトという上限を超えてしまいます。

　法令が定めた基準を逸脱する状況に対して、政府や専門家やメディアが、「人体に影響を及ぼす程度ではない」、「ただちに健康に影響を及ぼす数値ではない」などと言ってしまうと、さまざまな悪影響が生じる恐れがあります。本来の基準を知っている人ならば、

- それでは基準は何だったのか？
- 基準は専門家の意見に基づいて定められたのではないか？
- どうして政府もメディアも専門家も基準とは違うことを言うのか？

といった様々な疑問が否応なしに頭に浮かぶはずです。さ

らに、次節で改めて考えますが、

・CTスキャンは医療行為としてどうしても必要なときにやるものではないか？
・CTスキャンは厳密に管理されている特別なところで行われるではないか？
・胸部X線検診のときだって腰の回りに何か巻くではないか？

といった疑問も当たり前に出てきます。結果として、政府やメディアの発表に不信感を抱くことになります。そうなれば、できるだけ安全にと考えて必要のない買いだめや買い控えに走りがちになることは避けられません。

　一方、本来の基準を知らない場合には、CTスキャンが行われる特別な基準も平時の基準も緊急時の暫定基準もすべて、こうした記事を通して「健康被害が出るのは100ミリシーベルトから」という枠組みの中で、ごちゃまぜにされ、本来の基準を大きく超えた、決して安全とは言えない状況でも、疑うことなく安全と信じられてしまう恐れがあります。

　本書は、報道を読み解く視点から分析するものであり、発信者の視点から考察するものではありませんが、少し逸脱して、情報を提供する政府の観点から考えると、例えば水道水に乳児の基準値を超える放射性ヨウ素が含まれていたことがわかったとき、政府が次のように言っていれば、

5 安心と安全の語り

情報を受け取る側は、具体的な安全性についての見通しがつき、結局は不安に陥ることも少なかったと思います。

1. 浄水場で乳児の暫定基準を越える量の放射性ヨウ素が検出された。
2. したがって乳児に水道水を飲ませてはいけない。乳児以外は暫定的には大丈夫である。
3. 乳児の粉ミルクを溶くにはミネラルウォーターなどを使い、水道水は使わないこと。
4. 政府としても、すぐに、乳児のミネラルウォーターを十分な数だけ自治体を通して提供する。
5. 現在は原子力事故の緊急時なので、緊急時の暫定基準を採用している。
6. 水に関する日本政府の暫定基準は、緊急時に適用されるものとしては、国際基準の上限内でも安全を重視したものになっている。
7. 緊急時の基準は1年を上限としている。
8. したがって、本当に万が一、水道水しか手に入らなかった場合、ミルクを与えずに脱水症状になる方が大きな問題なので、やむを得ずの手段としてどうしてもというときには水道水を使うこと。
9. 万が一、ミネラルウォーターが届かなくても、最大X日まではやむを得ず水道水を使っても大丈夫だから混乱しないこと。
10. 万が一の場合でも、X日以内には必ず「しっかり」と

対処する。

5.2　比べること

ここでは、報道で頻繁に見られる「比較」を、

・身近な特例との比較
・個々人が主体的に決定できる状況との比較
・「あるいは」と「および」の間

という、3つの点から整理します。

5.2.1　身近な特例との比較

5.1.3でも紹介した、朝日新聞2011年3月20日の記事を見てみましょう。

> 県原子力安全対策課によると、検出された濃度のホウレンソウを、日本人の平均的な年間摂取量で1年間食べ続けても、被曝（ひばく）量は胸部CTスキャン検査1回分の3分の1程度。「人体に影響を及ぼす程度ではない」という。

テレビ朝日「モーニングバード」で放送された発言は、次のようなものだったと言われています。

5　安心と安全の語り

　コウナゴの放射性ヨウ素4080ベクレルという値は、毎日1キログラム1年間食べ続けたとしても、レントゲン1回分の放射線量にすらならない。

　もう少し新しいところでは、東京新聞2011年4月17日付朝刊で、英オックスフォード大のアリソン特別研究員という人の言葉が紹介されています。

　たとえば福島県のある町の累積放射線量が高いとしても、現時点では実際に健康に影響が出るレベルとは大きな差がある。エックス線のコンピュータ断層撮影（CT）で、それ以上に被爆する可能性もあるというレベルだ。

　ここでは、ホウレンソウを食べたときのように放射性物質を体内に摂取する内部被曝と、CTスキャンやX線検診のように放射線を外から浴びる外部被曝とは違う、という議論をするわけではありません。確認しておく必要があるのは、CTスキャンもX線検診も、医療・診断行為であり、次の条件が成り立っているという点です。

1. CTスキャンなどで得られる医療上のメリットの方が、放射線を受けることのデメリットよりも大きいとみなされること。
2. 特別な場で専門家による注意深い制御のもとで行わ

れる特別な行為であること。ちなみに、X線検診を受けるときには、腰の回りに鉛の覆いをつけます。
3. 原則として、受ける人の合意を得た上で行われること。

　一方、東京電力の原発事故で放出された放射性物質を体内に取り込んでしまうことや放射線に晒されることについては、

1. まったく何のメリットも存在しないこと。
2. 政府や専門家がこれまで安全だと主張してきた施設の事故で引き起こされたもので、放射線の放出や被爆線量について制御不能の状態にあること。
3. 被爆する人の合意はまったく存在しないこと。

から、CTスキャンやX線検診が持ついずれの条件も成り立たないことは明らかです。
　目安として、胸部CTスキャン検査や胸のX線検診の値を出すことは、直感的な理解という点ではそれなりの意味があります。けれども、それとともに「人体に影響を及ぼす程度ではない」、「すらならない」、「実際に健康に影響が出るというレベルとは大きな差がある」と言うのは、背景の違いを無視した強弁です。
　次のようなたとえを考えてみましょう。ある人が別の人にお腹をちょっと刺されたとします。刺された人が病院に

5 安心と安全の語り

行ったとき、医師が、傷は盲腸の手術で切るのと比べてまったく大したことがないから大丈夫だ、と被害者を安心させるのはあり得ることです。一方、周囲の人が、治療行為の中で被害者を安心させるというプロセスとは別に、盲腸の手術で切るのと変わらないから刺されても問題はないと言うのは、適切ではありません。このように言うことで、刺した人の責任が曖昧になってしまう恐れがあります。

これとは少し異なる「特別な場合との比較」もあります。5.1.1で紹介した、毎日新聞2011年3月20日付記事「Dr. 中川のがんから死生をみつめる:/99　福島原発事故の放射線被害、現状は皆無」をもう一度見てみましょう。

　そもそも、日本は世界一のがん大国です。2人に1人が、がんになります。つまり、もともとある50％の危険性が、100ミリシーベルトの被ばくによって、50.5％になるということです。たばこを吸う方が、よほど危険といえます。

5.2.3で紹介する読売新聞の記事によると、癌の原因の30パーセントはたばこだそうです。100ミリシーベルトの被爆で癌になるのは200人に1人、たばこが原因で癌になるのは200人のうち30人となります。このような説明を人身事故の状況に置き換えると、次のようになるでしょう。

　確かにAさんは運転中に人身事故を起こしたのです

が、1回だけです。Bさんはこれまで30回も運転中に人身事故を起こしています。Bさんの方がよほど危険です。

それはそうでしょうし、もしかするとAさん自身はそう考えたり、誰かからそのように言われることで、少し気が軽くなるかもしれません。けれども、それでAさんが免責されるわけではありませんし、Aさんの犠牲になった人がこれを聞いて喜ぶこともないでしょう。

こうした比較は、もうひとつ別の効果も持っています。喫煙は、最近では風当たりが強いとはいえ、日常的なものです。また、胸部X線検診は学校や職場の健康診断などで行われていますし、CTスキャンも、実際に受けたことがあるかどうかは別として、広く知られています。これらの、いわば身近なものと、東京電力の原発事故による被爆が比べられ、さらに原発事故の影響は大きくないと報じられることで、原発事故による被爆という事態が平常化され、あたかも日常的な、当たり前のことであるかのような印象を与えることになります。

5.2.2　自分で選ぶ状況との比較

すでに5.2.1でこの視点についても言及しましたが、改めて整理します。CTスキャンを受けるかどうかは、基本的に、受ける側の意向により決まります。医師が、患者に内緒で、患者の知らないうちにCTスキャンをすることは、

5　安心と安全の語り

原則としてありません。

　もうひとつ、メディアでは、国際線（東京＝ニューヨーク間往復）の200マイクロシーベルトという値がよく引き合いに出されます。本当は旅行したくないのに、会社命令で出張させられたということもあるでしょうが、それでも旅客は基本的に、自分の意思で国際線を使うものとされます（「とされます」というのは、社会的な了解事項として、という意味で、そのため、嫌だけど会社命令でしぶしぶ出張した人も、社会的には本人の合意があったものとみなされることになります）。同様に、客室乗務員やパイロットも、自分の意思で仕事を選んでいることが社会的な了解事項となっています。

　自分の意思で行う（とされている）これらのことと、東京電力の原子力発電所が起こした事故で自分の意思に反して放射線を浴びたり、放射性物質を摂取してしまうこととは、まったく異なります。これらが同列で対比されることにより、両者の違いが曖昧にされ、その結果、そもそも今回の放射能汚染が東京電力の原子力発電所事故により強いられたものであるという点が、放射能の安全性をめぐる報道を通して暗黙のうちに隠蔽されることになります。また、飛行機による旅行も今や日常的なものと言えますから、これを引き合いに出すことで、原発事故による放射能の漏出とその影響の平常化が促されます。

5.2.3「あるいは」と「および」の間

まず、次のような記事を見てみましょう。

　がんの原因の約30％は、たばこだ。危険性が0.5％高まる100ミリ・シーベルト程度の放射線と比べた場合、発がんへの影響は喫煙の方がはるかに大きいと言える。
（「［放射線　健康にどんな影響］全身に浴びると……100ミリ・シーベルトでがん危険性0.5％増」読売新聞2011年4月3日）

3度目になりますが、毎日新聞2011年3月20日付記事「Dr.中川のがんから死生をみつめる:/99　福島原発事故の放射線被害、現状は皆無」から引用します。

　そもそも、日本は世界一のがん大国です。2人に1人が、がんになります。つまり、もともとある50％の危険性が、100ミリシーベルトの被ばくによって、50.5％になるということです。たばこを吸う方が、よほど危険といえます。

また、鹿児島大学医学部教授の秋葉澄伯氏は、日本経済新聞で、次のようにコメントしています。

　放射能の検出が厚生労働省が定めた暫定規制値以下なら、健康への影響は全く心配ない。……この程度なら、放

5　安心と安全の語り

射線よりも喫煙や食生活、運動などの生活習慣の方が健康に大きく影響する。放射線が危ないと過剰に気を使い、入浴をやめたり水を飲まなくなったり、生活を乱す方がずっと健康に悪い。
（「喫煙の方が健康に悪影響　秋葉・鹿児島大教授」日本経済新聞2011年3月24日）

　比較の対象にあげられているのは、5.2.1で見た「特例」です。たばこを吸わない人もいますし、汚染されてない水でお風呂に入り、安心な水を飲んで、健康的な食事を取り、生活もそこそこ規則的で楽しく、原発事故で放出された放射線のストレスなしに生活している人もいます。多くの人がそのような生活を送りたいと考えているでしょう。より悪い状況と比較したからといって、心情的に救われることはあったとしても、そもそも悪い状況がなくなるわけではありません（さらに、日本経済新聞の記事について細かく言うと「全く心配ない」のならば、「この程度なら」「生活習慣の方が健康に大きく影響する」とか、「生活を乱す方がずっと健康に悪い」と言う必要はありません）。
　とはいえ、ここで確認しておきたいのは「の方が」の背景にある事態の配置です。たばことの組み合わせが説得力を持つように、以下ではたばこを吸う人を想定しましょう。
　次のような例を考えてみましょう。

デザートはデコポンにしますか、伊予柑にしますか？
　　伊予柑の方がいいです。

　　体育祭の競技種目は水泳とスキーから選べます。
　　水泳よりスキーの方が楽しそう。

　　スイカを持つ？　大根を持つ？
　　（スイカの方が重そうだから）大根を持とう。

　この3つの例は、どれも基本的に、どちらか一方のもの（AまたはB）を選ぶ状況です（伊予柑の方がいいですが、両方ともくださいということはあるかもしれません）。
　これに対して、放射線とたばこの比較で「たばこの方が」という場合は、まさに放射線は避けられない状況だからこそ、こうした記事が出ているのですから、放射線かたばこかを選ぶ状況ではありません。そうではなく、たとえて言うと、次のような状況に相当します。

1. Aさんが30キロの荷物を背中に背負って運んでいました。
2. Bさんが、Aさんが運んでいる荷物に1キロの荷物を付け加えました。
3. 困惑するAさんに向かってCさんが、1キロよりも30キロの方がよっぽど重いのだから大丈夫、と言いました。

5　安心と安全の語り

　Cさんの説明は、本来、1キロの追加が「大丈夫」な理由にはなりませんが、それにもかかわらず、1キロという値が30キロという大きな数字と対比されることで、1キロという数値そのものが矮小化されます。

　ところで、これら3つの記事のうち、日経新聞の後半部分は、前半部分および他の2つの記事とは少し違います。日経新聞の後半部分では、

　放射性物質を含んだ水を飲むか、あるいは、
　入浴をやめたり水を飲まなくなったり、生活を乱すか

のいずれか、というかたちで問題が立てられているからです。この中で、放射性物質を含んだ水を飲むか、あるいは、水を飲まないかについては、その選択を強いられる状況になった場合には、有効な情報となり得ます。けれども、それが喫煙などと併置されることで、結局は他の記事と同じかたちになっています。

5.2.4　整理

　放射線の影響を別の何かと比較する報道を3つの観点から分析することで、こうした報道が以下のような効果を持つことがわかりました。

1. 社会的な基準のレベルと具体的なリスクの報道は素

通りし、心情的な「安心」を促す。これは図5に示した状況を強化するものです。

2. 日常生活に馴染みのある行為や言葉を引き合いに出すことで、東京電力の原発事故による被爆という緊急事態の平常化が促される。

3. 大きな数値と比較することで、影響の矮小化が進められる。

4. 放射能汚染が東京電力の原発事故により引き起こされたものであるという点を曖昧にする。これは図1から図5に示した枠組みには収まらない別の方向性をもった効果です。図2の枠組みが図5で置き換えられたことから派生する効果に関わるもので、特に次章で検討する報道の効果に関わります。

6 「安全」報道の波及効果

「安全」報道の中には、受け手に向かってさらに一歩踏み込み、「度を越した不安視」を戒めたり、「冷静な対応を」読者に呼びかけるものもあります。枝野幸男官房長官も、特に当初は、繰り返し「冷静な対応を」と呼びかけていました。また、関連して、「風評被害」を諌める報道も見られます。本章では、「冷静な対応」という表現、そして「風評被害」という言葉を分析し、それらがどのような役割を担っているか考えることにします。また、安全報道と関連した政策として児童の被曝上限について簡単に見ることにします。

なお、これまでは、基本的に、報道の言葉そのものを分析してきましたが、本章では、読者や聞き手が取るべき対応についても同時に少しだけ考えることにします。ここで分析する発表や報道が読者や聞き手への呼びかけを伴うものであることに加え、安全を確保する視点からどのような態度で報道を読み解けばよいかを改めて整理する第7章につなげるためです。

6.1 冷静と錯乱の狭間で

6.1.1 日本政府は呼びかける

まず、政府発表や政府関係者の発言を伝えた報道をいくつか見てみましょう。

政府は同日、住民の避難指示の範囲を、福島第一原発を基点に半径10キロから20キロ圏内にまで拡大したが、この点について、枝野長官は「具体的な危険が生じるものではないが、万全を期すため」と述べ、不安が高まる地元住民に、冷静に行動するよう呼びかけた。
(「官房長官「冷静対応を」5時間後に爆発認める」読売新聞2011年3月13日)……(A)

福島第1原発の事故をめぐり環境省の樋高剛政務官(衆院18区)は16日、全国各地の放射線量観測網の連携強化を進めていることを強調し「デマに惑わされないで冷静に対応してほしい」と呼び掛けた。……また「万一、人体に影響が及びかねない数値が出た場合でも、ただちに公表できるよう態勢を整えている」という。
(「東日本大震災:環境省の樋高政務官、原発事故めぐり「デマに惑わされないで」/神奈川」神奈川新聞2011年3月16日)……(B)

枝野幸男官房長官は22日午前の記者会見で、福島第一

原発の事故を受けて設定した農畜産物の放射性物質に関する暫定基準値について「非常に保守的な数値だ」と述べ、ホウレンソウなどの出荷停止は「念のための措置だ」と強調、冷静な対応を重ねて求めた。
（「出荷停止は「念のため」　枝野氏、冷静な対応求める」スポーツ日本2011年3月22日）……（C）

　枝野官房長官は26日の記者会見で、東京電力福島第一原子力発電所事故の影響により食品衛生法の暫定規制値を上回る放射性物質が検出される農作物が増えていることについて、国民に冷静な対応を呼びかけた。
（「農作物に冷静な対応を、規制値には余裕……枝野氏」読売新聞2011年3月27日）……（D）

　農業者のみなさんからは、規制値を緩めてくれないかという声、意見もあったが、逆にしっかりと厳しい規制値の数値であるが、よりきめの細かい指定や解除を行うことで、逆に指定を受けていない農作物については安全だということを消費者のみなさんに感じて頂き、風評被害をなくすことが重要ではないかと考えている。今後、さらによりきめ細かく、出荷規制の必要性のある部分については監視と規制を行っていく。ぜひ、それ以外のものについては、規制値を上回ってないということなので、しかも相当安全性を厳しくした規制値を上回っていないということなので、ぜひ単に産地の都道府県などにもとづいて風評に基づ

く対応がないよう、冷静な対応をお願いしたいと思う。
（「枝野官房長官の会見全文」 朝日新聞2011年4月4日）……（E）

（B）以外はすべて枝野幸男官房長官が政府を代表して述べた言葉です。（A）は避難指示範囲の拡大をめぐる発言、（C）から（E）の3つは食品などから放射性物質が検出された事態を受けた発言です。（B）は、東京電力福島第一原発の1号機から3号機が爆発したことに続き、4号機が出火した3月16日になされた発言で、一般的な事故状況に関するものです。

4月半ばからは、日本政府関係者が対外的に「冷静な対応を」と呼びかける状況も増えています。例えば、2011年4月16日付の産経新聞記事「「リスクの国」脱却に求められる日本　G20閉幕」は、次のように報じています。

　放射能汚染の風評被害が農産物から工業品にまで拡大していることについて、野田財務相は会議の場で各国に対して「冷静な対応を」と呼び掛けた……

6.1.2　概念を整理する

何が言われているか、丁寧に考えたいときには、辞書を引くことから始めるのが有効です。辞書で「冷静」という言葉を引いてみましょう。

6 「安全」報道の波及効果

れいせい【冷静】
　感情的にならずに、落ち着いている・こと（さま）。（大辞林）
　感情に左右されず、落ち着いていること。また、そのさま。（大辞泉）
　感情に動かされることなく、落ち着いていて物事に動じないこと。（広辞苑第五版）

　これらから、「冷静」という言葉は、感情的でない性質・様態を指すこと、すなわち、基本的に感情の状態を指し、さらにそこから派生して、感情の状態を反映した態度・行動の性質や様態を指すことがわかります。

　冷静であることを規定するのは、感情の状態です。ですから「冷静」という言葉は、何か外的に評価可能な目的や目標が存在し、それに対して適切な行動を取るかどうかを反映した態度・行動の性質や様態を指すものではありません。ここからの話を簡単にするため、何らかの目的や目標の観点から見た適切な態度や行動の性質や様態を指すために、「妥当な」という言葉を使うことにします。2.2.2で導入したレベルとの関係で言うと、「冷静」という言葉は、「安心」や「不安」と同じレベルに属するものです。これに対して、「妥当」という言葉は、「安全」や「危険」と同様、状況や対象、行為に関する判断や見解をめぐって使われる言葉です。次のように整理できます。

心理的な状態に関連する言葉：「安心」「不安」「冷静」
　　判断や見解に関連する言葉：「安全」「危険」「妥当」

ここで、次の重要な点を確認しておきましょう。すなわち、

　冷静にとった行動が、妥当な行動であるとは限らない

ことです。
　例えば、とても冷静に計算して窃盗をする場合が考えられます。普通の意味で社会的に言うと、窃盗は妥当な行為ではありません。また、窃盗をした本人が、短期的に金を得るために、そのときは「妥当だ」と思っていたとしても、逮捕されて「やっぱり妥当ではなかった」と思い直すこともあるでしょう。
　ナチスドイツの警察官僚アドルフ・アイヒマンは、ユダヤ人を強制収容所に移送する効率をできるだけあげるために、冷静に計算して移送の指揮をとった人物です。彼の冷静な行動は、ナチスドイツの価値観からは妥当な行動でもありましたが、人道的な観点からは妥当の対極に位置づけられるものです。ここから、冷静にとった行動が必ず妥当であるとは限らないだけでなく、仮に妥当であるとすると何にとって妥当であるかを考える必要があることもわかります。
　一方、感情的にとった行動が妥当なものである場合も多々あります。例えば、誰かに付きまとわれて身の危険を

感じたときに、なりふり構わず感情的に大声で泣き叫んで近くの人に助けを呼ぶ場合が考えられます。

また、熱烈な恋愛感情に突き動かされて、状況を考えず、周囲の助言も聞かずに結婚した場合、これは冷静な行動ではありません。結果として一生を幸せに暮らすこともあるでしょうし、結局うまくいかないこともあるでしょう。結婚が、一応、ふたりが持続的な関係を維持し幸せな家庭を実現する枠組みだとするならば、一生を幸せに暮らした場合は感情に突き動かされた行動が結果として妥当であったことに、うまくいかなかった場合は妥当でなかったことになります。

以上から、冷静な行動と妥当な行動が同義でないことがはっきりしたと思います。「冷静な行動」は行動をとる人の感情的な状態から、「妥当な行動」は行動をとる目的や目標との関係からと、まったく別の観点から評価されるものです。両者が結果として合致することはありますが、相反することも少なからずあるのです。

6.1.3「冷静な対応」とはどのような対応か？

純粋に、感情に左右されないよう呼びかけるだけならば、「冷静になってください」と言えばよいだけです。けれども、枝野幸男官房長官も樋高剛政務官も、単に「冷静になるよう」呼びかけるにとどまらず、「冷静に行動」するよう呼びかけたり、「冷静な対応」をお願いしています。

こうした発言の中では、「冷静な」という単語が、単に精神状態だけでなく、暗示的にではありますが、特定の具体的な行動を示唆するかたちで使われているのです。

5.3.1で引用した（A）から（E）までの記事に戻りましょう。（A）の記事は、

> 不安が高まる地元住民に、冷静に行動するよう呼びかけた。

となっており、個人の心の状態としての「不安」を受けて話が展開していますから、その限りでは、具体的にどのような行動を取るにせよ、とにかく「冷静」な心の状態で、と呼びかけるという点で、レベルは一貫しています。また、具体的な行動の内容は避難することですから、基本的には、「落ち着いて避難してください」と言っているだけであることがわかります（政府に怒りをぶつけないでほしいという含意もあるかもしれません）。

一方、（B）から（E）の記事は、単に「冷静になってください」と呼びかけるのではなく「冷静な対応を」、つまり何らかの行動を呼びかけているにもかかわらず、具体的にどのような行動をとるべきなのかは曖昧です（（E）では「風評に基づく対応」と書かれていますが、これも具体的な行動としてはどのようなものかよくわかりません）。何らかの行動が含意されていることは、これらの発言が、暫定基準値を超える放射性物質との関係で出されているこ

と、また、(E)の記事では「安全性」という言葉と「冷静」という言葉が呼応していることからも伺えます。あるいは、「冷静」の逆の「感情的な」行動パターンが想定され、そのようなことをしないよう求められているのかもしれません。

そこで、「冷静な行動」が具体的にどのような振舞いと結びつけられているのか、手がかりとなるような報道を探すと、色々と見つかります。例えば、次のような報道があります（ちなみに、この記事は、第5章で分析した記事とほぼ同じパターンで書かれています）。

> 子どもは細胞分裂が活発で、影響を受けやすいのは間違いない。だが何度も繰り返すように、現時点では直ちに健康を害するような数値は出ていない。あくまで「避けるに越したことはない」というレベル。パニックに陥って体調を崩したり、神経質になりすぎて不幸にも流産したりするなら、普段通り野菜や水を摂取する方がリスクははるかに低い。
> （「基準値超える放射性物質　過度に怖がらず冷静に」神戸新聞2011年3月25日）

「パニック」という言葉については6.1.5で改めて検討しますが、この記事では「ひどく感情的になってとても混乱し」といった意味で使われているのでしょう。つまり「冷静」の反対です。そして、「普段通り」という言葉がそれに対

比されています。ここから、

「冷静な対応」≒「普段通りの行動」

であることが推測されます。
　ちなみに、厚生労働省が原発事故後に出した、「妊娠中の方、小さなお子さんをもつお母さんの放射線へのご心配にお答えします。――水と空気と食べものの安心のために」というパンフレットにも、「過度なご心配はなさらず、いつもどおりの健康管理につとめてください」、「お店にならんでいる商品はいつも通り買っていただいて大丈夫です」といった文言が並んでおり、

「心配しない」≒（冷静に）≒「いつも通り」

という関係が示唆されています。
　結局、「冷静な対応」をめぐって、枝野官房長官も樋高政務官も、

　　状況に問題はありませんから普段通りに行動してください

あるいは

　　安全な基準値を採用していますので普段通りに行動し

6　「安全」報道の波及効果

　てください

と呼びかけているのであり、これを少し変形すると、

　　普段通りに行動していれば安全です

と言っていることになります。記事によって、言われていることは多少異なりますが、全体としてより丁寧にまとめるならば、枝野長官が（C）から（E）の記事で「冷静な対応」に込めたメッセージは、

　　暫定基準値を越えたものは市場に出回りません。暫定基準値は保守的に安全性を重視して設定しているものですから、市場に出回るものは安全です。ですから皆さんは普段通りにお店に出ているものを買ってください。そうしていれば安全です。

というものですし、樋高政務官のメッセージは

　　原発事故で出た放射線は問題ありません。ですから皆さんは、政府の言葉に従って、普段通りにしていてください。そうしていれば安全です。

というものです。

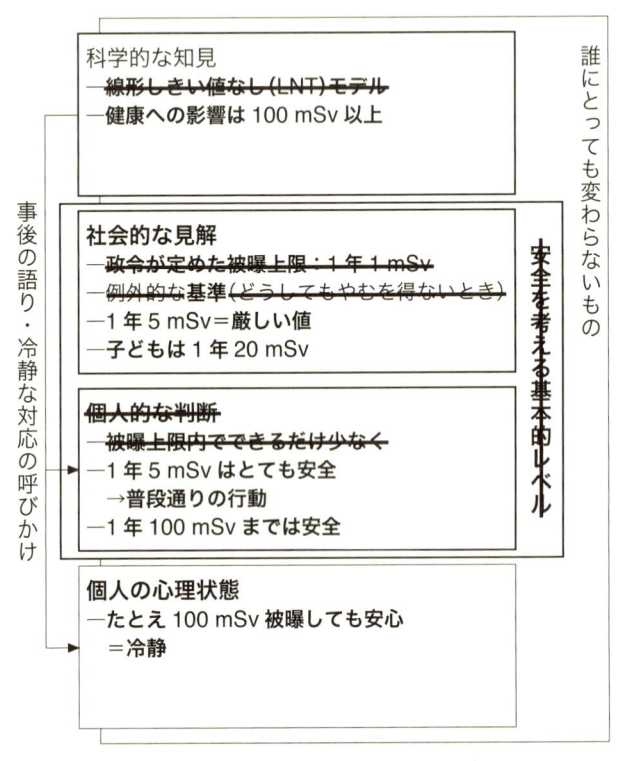

```
┌─────────────────────────────────────────┐
│  科学的な知見                      誰     安 │
│  ──線形しきい値なし(LNT)モデル       に     全 │
│  ─健康への影響は 100 mSv 以上      と     を │
│                                    っ     考 │
│                                    て     え │
│ ┌─────────────────────────────┐    も     る │
│ │ 社会的な見解                │    変     基 │
│ │ ──政令が定めた被曝上限：1年1mSv│    わ     本 │
│ │ ──例外的な基準(どうしてもやむを得ないとき)│ら    的 │
│ │ ─1年 5 mSv＝厳しい値        │    な     な │
│ │ ─子どもは1年 20 mSv         │    い     レ │
│ └─────────────────────────────┘    も     ベ │
│ ┌─────────────────────────────┐          ル │
│ │ 個人的な判断                │              │
│ │ ──被曝上限内でできるだけ少なく│              │
│ │ ─1年 5 mSv はとても安全     │              │
│ │    →普段通りの行動         │              │
│ │ ─1年 100 mSv までは安全     │              │
│ └─────────────────────────────┘              │
│  個人の心理状態                              │
│  ─たとえ 100 mSv 被曝しても安心              │
│    ＝冷静                                    │
└─────────────────────────────────────────┘
```

（左側縦書き：事後の語り・冷静な対応の呼びかけ）

図6　政府が冷静な対応を呼びかける効果

　この状況を図6に示します。2.2.2で導入した5つのレベルの配置をめぐって報道が描き出す図式が完成します（図6には、6.3で見る、児童の被曝上限も書き込んであります）。

6.1.4 緊急事態と「普段通り」

　以上から、「冷静な対応」が安全の観点から妥当な行動であるかどうかを検討するためには、特に普段以上に放射線量を気にすることなく、また、食品等については汚染の可能性などを考えることなくお店に出ているものを買うなど、普段通りに行動することが安全を確保するために妥当かどうかを考えればよいことがわかります。

　その妥当性を評価する前に、まず、これらの報道が事故時・緊急時になされたものであること、また、暫定規制値は緊急時のやむを得ない基準であったことを思い起こしておきましょう。一方、普段通りの行動とは、平時と変わらない行動を指します。実は、緊急時と平時の間には、隙間があります。もう少し詳しく言うと、緊急時の基準と、普段通りの行動の安全性の間には、改めて丁寧に考えなくてはならない点があります。

　この点を、食品の暫定規制値に関して整理してみます。まず、

　　平時の基準が適用される状況で、普段通りの行動をとる

このとき、普段通りの行動は、一応、妥当な行動でもあると考えることができます。もちろん、基準自体は社会的に受け入れましょうというレベルを示しており、それを安全とみなすかどうかは人によって違うでしょうが、そこには

少し目をつぶって、普段通りの行動を取っていれば安全の観点からもそれなりに妥当であるとしておきます。
　次に、

　暫定規制値を越えた食品や水が巷に出回っている状況で、普段通りの行動をとる

このとき、普段通りの行動は、安全性を確保するという目的から見ると、妥当な行動ではありません。ですから、水道水から乳児の暫定規制値を超えるレベルの放射性ヨウ素が検出されたとき、「冷静な対応≒普段通りの行動」だとすると、「冷静に対応する」ことは妥当ではなかったことになります。
　ところで、現在は、基本的に、この２つの状況の間にあると考えることができます。すなわち、

　通常の基準は越えているが暫定規制値内に収まっているものが出回っている、あるいは出回る可能性がある

という状況です。たとえて言うなら、平熱の状況ではなく、確実に熱があるけれど、動いたり考えたりすることがとても苦痛というほど熱が高くはないとき、です。普段通りに学校や職場に行くのは妥当なことでしょうか？
　ここで、「普段通りの行動」について、もう少し整理する必要があります。実は、「普段通りに」行動すると言っ

6 「安全」報道の波及効果

たとき、何を基準とするかによって、実際の行動は変わってきます。例えば、熱があるとき、無理して普段通りに学校に行っても、教室でずっと寝ていたならば普段通りに勉強したことにはなりませんし、普段通りに会社に行っても仕事がこなせなければ普段通りに仕事をしたことにはなりません。

いわば、プロセスとしての普段通りと、結果としての普段通りという2つの普段通りがあるのです。通常の基準は越えているけれども、暫定規制値内に収まっているものが出回っていたり、出回る可能性があるときには、次のようになります。

プロセスとしての普段通り：特に汚染度を気にすることなく、平時と同じように水や食品を摂取すること。
結果としての普段通り：被曝のレベルを平時の基準である1年間1ミリシーベルト以内とし、安全のためにできるだけ低く収めるために（あるいは自分の平時における1年間の平均被曝量を知っているならそれに収めるために）、汚染度をチェックしながら水や食品を摂取すること。

改めて、枝野長官の呼びかけを確認するために、記事（E）をもう一度見てみましょう。

　　農業者のみなさんからは、規制値を緩めてくれないかと

いう声、意見もあったが、逆にしっかりと厳しい規制値の数値であるが、よりきめの細かい指定や解除を行うことで、逆に指定を受けていない農作物については安全だということを消費者のみなさんに感じて頂き、風評被害をなくすことが重要ではないかと考えている。今後、さらによりきめ細かく、出荷規制の必要性のある部分については監視と規制を行っていく。ぜひ、それ以外のものについては、規制値を上回ってないということなので、しかも相当安全性を厳しくした規制値を上回っていないということなので、ぜひ単に産地の都道府県などにもとづいて風評に基づく対応がないよう、冷静な対応をお願いしたいと思う。

　ここから、ここで言われている冷静な対応が「プロセスとしての普段通り」を示していることが確認されます。したがって、安全（結果としての普段通り）をめぐる問題は、事故で放出された放射性物質の影響一般については、観測されている値が安全かどうかを考えることになりますし、農産物については、改めて、「指定を受けていない農産物」すなわち暫定規制値内の農産物は安全かどうか、暫定規制値は安全かどうかを考えることに帰着します。第3章の検討から、すでに基本的な結論は出ているのですが、これについては改めて第7章で整理することにします。

6.1.5「パニック」と妥当な行動

「冷静な対応」という表現で、本来心の状態を指す「冷静」という言葉を、単に「感情的でない、落ち着いた」という心の状態だけでなく、「普段通り」という具体的な行動をも示唆するかたちで用い、さらに、平時と緊急時が生んだ「隙間」の中で、「普段通り」という言葉に「プロセスとしての普段通り」という意味を持たせることは、心理的なレベルで、ある効果を持つことになります。すなわち、

「結果としての普段通り」の行動は「冷静」でない

ことがほのめかされるのです。

そのことと関連して、「パニック」という言葉の使い方は示唆的です。例えば、5.2.1でも紹介した2011年4月17日付東京新聞朝刊の記事で、ウエイド・アリソン氏は、次のように述べています。

〔水道水や農産物から基準を上回る放射性物質が検出されたことについて〕検出されたのは害がないレベルで、ミネラルウォーターが店頭から消えたパニックの方がある意味で問題ではないか

基本的な基準を上回る放射性物質を「害がない」ということの問題は3.1.2で検討しましたが、同じ議論は当然、

暫定規制値を上回る場合についてもあてはまります。
　東京の水道水に乳児の暫定基準値を越える放射性ヨウ素が検出されたとの報道があってからすぐに、東京ではミネラルウォーターが売りきれたと言われています。おそらく、この事態を念頭に置いた言葉だと思われます。
　パニックという言葉を辞書で確認しましょう。

　パニック【ぱにっく】
　［1］恐怖。おびえ。
　［2］恐慌。経済恐慌。
　［3］経済恐慌時の銀行取り付け騒ぎや、地震・火災の際などの急激な混乱状態。

　では、「ミネラルウォーターが店頭から消えたパニック」という言葉は何を指すのでしょうか。まず、［1］の語義に従って（多少粉飾して）、次のような事態を指すと考えてみます。

　　恐怖にかられた人々が、ミネラルウォーターを買いに走った結果、ミネラルウォーターが店頭から消えたこと

けれども、実際のところ、人々が恐怖にかられたかどうかはわかりません。極めて冷静に、迅速に店に行ってミネラルウォーターを購入した人もいるでしょう。また、恐怖にかられたかどうかは別として、

水道水に放射性ヨウ素が検出された
　　→水道水はできればしばらく飲まない方がより安全
　　→ミネラルウォーターを買おう

という判断は、「結果としての普段通り」を維持する観点からは、極めて妥当なものです。

　　水道水に放射性ヨウ素が検出された
　　→アリソン氏が「害がないレベル」と言った
　　→普段通り水道水を飲もう

という判断と比べて、少なくとも安全の観点からは、はるかに合理的です。
　［2］の意味は経済用語ですからここでは関係ないので、今度は［3］の意味で「パニック」という言葉が使われたと考えてみます。調べた範囲では、ミネラルウォーターを求めた人が将棋倒しになったり、交通事故を引き起こしたり、取り合いになって怪我人が出たり、暴動が起きたり、つまり、具体的に［3］の意味での「パニック」が起きたというニュースは聞きません。
　純粋に現象として見るならば、どのくらい急激に起きたか、またどの範囲に広まったかの違いはあるものの、あるテレビ番組で納豆の美容効果が宣伝された翌日に納豆が売りきれたり、あるお店が紹介されたとたんに長蛇の列ができたりといったことと、事態はそれほど大きくは違わな

かったように見受けられます。この点で、アリソン氏の言う「パニック」は、社会的な現象を記述したものというよりも、むしろ、アリソン氏の解釈を反映した言葉です。

したがって、冷静に考えれば、アリソン氏が問題視した「パニック」は、特にパニックでもなければ問題でもなかったと言うことができます。それにもかかわらず、メディアによって定められた図6のような図式の中では、「冷静な対応」は「プロセスとしての普段通り」に限られますから、極めて自然に、それ以外の行動は「冷静さを欠く」ものとなります。そこから一歩進んで、そうした行動を、それが理にかなったものであっても、また、本来の意味でのパニックでなくても、「パニック」と決めつけて批判することは、さほど難しいことではありません。

5.3.3で見た神戸新聞の記事も「パニックに陥って体調を崩したり」と述べています。これは現実の状況を記述したものではなく、仮にパニックに陥るならばという話ですから、アリソン氏の使い方とは違い、この限りでは意味のあるものかもしれません。けれども、他の様々な可能性の中で、どうしてパニックという言葉が出てくるのかを考えると、ここで検討してきたと同様のメカニズムが働いていると考えるのが自然です。

6.1.6　冷静な思考停止

「冷静な対応を」呼びかける報道には、しばしば状況を矮

小化した発表や報道が重なりました。例えば、枝野幸男官房長官は2011年3月11日、1号機の爆発について、

> 格納容器が爆発したわけではない。格納容器は破損していないと報告を受けており……放射性物質が大量に漏れ出すものではなく、爆発の前後でむしろ少なくなっている

と発表していますし、2号機でベントが行われ、白煙が立ち昇り、4号機から出火した3月15日には

> 若干の放射性物質が流出していることが推察されるが周囲の数値に大きな変化はない

と会見で述べています。政府だけでなく識者もまた、同様の見解をメディアで発表しています。例えば、上武大学経営情報学部教授の池田信夫氏は、3月18日、ニューズウィーク日本版オンラインで、「福島第一原発はチェルノブイリにはならない」との記事を発表し、「テレビでは「チェルノブイリになる」とか「東京都民も逃げろ」と不安をあおる人がいるが、これは誤りである。福島原発がチェルノブイリ原発のような大事故になることは考えられない」と述べていました〔*33〕。

こうした中で、少なからぬ人が、主観的には冷静を保ちながら、後付けで振り返ると思考停止していたと見なせる

ような状態に置かれることになりました。さらに悪いことに、「具体的な危険が生じるものではないが、万全を期すため」といった、安全を過剰に強調する発表と報道の中で、対策もまた、後手にまわる結果となりました。

例えば、東京電力福島第一原発から北西約40キロに位置する飯舘村では、3月下旬の段階で高い放射線量が観測され、SPEEDI（緊急時迅速放射能影響予測）システムによる試算に基づき原子力安全委員会も100ミリシーベルトを上回る甲状腺の内部被曝を起こす可能性があると発表し、3月31日には国際原子力機関（IAEA）も飯舘村住民を避難させるよう日本政府に勧告したにもかかわらず、政府が、飯舘村など、放射線量の高い地域を計画的避難区域に指定したのは、それから1カ月近くあとの2011年4月22日になってからでした。

また、3月20日から3月24日にかけて、茨城県ひたちなか市や東京都新宿区などをはじめ、関東の広い範囲で大量の放射性降下物が観測され〔*34〕、空中の放射線量も高い値を示しました。第4章で見たように、新宿でも、観測された放射性降下物の量は、積算を考えるならば、必ずしも健康に問題がないと言い切るわけにはいかないレベルでしたが、この間、茨城県も東京都も、毎日、ホームページ上で、「健康に影響のあるレベルではありません」、「健康に影響を与える数値ではありません」との発表を続けていました〔*35〕。

3月14日にはフランス大使館が日本在住のフランス市

民に関東圏、できれば日本から退去の勧告を出し、16日には米国大使館が半径80キロ圏からの避難を勧告しました。18日頃までに英国やオーストラリア、ニュージーランド、韓国が米国と同様の勧告を、イタリアやフィンランドなどがフランスと同様の勧告を、自国市民に出していました。こうした動向について、一部で大げさであると言われたりもしましたが、日本政府も自治体も、このとき単に「健康に影響のあるレベルではありません」と繰り返すのではなく、必要な避難をより迅速に検討し、避難対象とならない地域の住民にも、健康被害が起きる確率が上昇する可能性があることを踏まえ、できる範囲での安全対策を呼びかけていれば、事故後の被曝はもっと抑えられたことが、事後的に明らかになっています。政府や自治体が意図的に住民を被曝させようと思っていたわけではないでしょうから、適切な対応を取らなかったのは思考停止に陥っていたためだと見なしても、それほど間違いではないでしょう。

6.2 「風評被害」報道が示すもの

　原発事故で放射能汚染が広まってから、「風評被害」という言葉を耳にする機会も増えてきました。これまで検討した記事中にも、この言葉は何度か出てきました。例えば、次のようなものです。

対象を広げて調べ、出荷停止になっている品目以外の安全性を確認することで、風評被害を防ぐ狙いがある。
（「他品目も放射線検査し安全確認を　厚労省、北関東3県に」朝日新聞2011年3月25日21時54分）

　私たちは何となく、「風評被害」という言葉で状況を理解した気になっています。原発周辺で生産された野菜が売れない、魚が売れなくなった、いわき市に配達が行かなくなった、等々です。ここでは、この言葉が報道に使われることがどのような社会的効果を伴っているかを考えることにします。

6.2.1　概念を整理する

「風評被害」という言葉が使われるようになったのは比較的最近のことで、一般の辞書には記載がなく、時事用語辞典でも、2000年度版『imidas』が項目化したのが最初と言われています〔*36〕。その『imidas』では、

　　事実ではないのに、うわさによってそれが事実のように世間にうけとられ、被害をこうむること。

と定義されていました。
　オンラインでは、次のような定義や解説が提供されています。

6 「安全」報道の波及効果

　根拠のない噂のために受ける被害。特に、事件や事故が発生した際に、不適切な報道がなされたために、本来は無関係であるはずの人々や団体までもが損害を受けること。例えば、ある会社の食品が原因で食中毒が発生した場合に、その食品そのものが危険であるかのような報道のために、他社の売れ行きにも影響が及ぶなど。(デジタル大辞泉)〔*37〕

　風評被害(ふうひょうひがい)とは、存在しない原因・結果による噂被害のこと。多くの例では災害、事故での不適切〔ママ〕又は誤報により、生産物の品質低下やまったく存在しない汚染などを懸念して消費が減退し、まったく原因と関係のないほかの業者・従事者が損害を受けること。災害、事故による直接の被害や顧客の危機回避のための判断や安全確認のための出荷停止は風評被害には該当しない。(Wikipedia)〔*38〕

これらの定義は「風評被害」報道を考えるための重要な手がかりを与えてくれます。すなわち、

1. 第一に、風評被害が成立するためのひとつの条件が、事実でないこと、根拠がないこと、存在しない原因・結果によるものであること、つまり現実に対応しない情報に基づく、という点にあることです。
2. 第二に、問題は噂や報道にある、という点です。

6.2.2「風評被害」報道を検証する

まず、第一の点から考えて行きます。次のような報道を見てみましょう。

　福島第一原発事故で風評被害を受ける被災地の農家を支援しようと、生活協同組合コープしが（本部・滋賀県野洲市、西山実理事長）は、野菜の共同購入を呼びかける「東日本大震災産直産地応援フェア」を5月末までしている。……国の検査をクリアした安全なもので、毎週9品目を選んで案内している。
（「風評被害、野菜共同購入で支援　コープしが」朝日新聞2011年5月17日）……（A）

　農産物の風評被害では、産地が福島県に近いというだけで、出荷制限になっていない安全な農産物まで売れなかったり、値段が暴落したりしている。
（「原発キーワード「風評被害」」日テレNEWS24　2011年5月3日）……（B）

　国の暫定規制値を超える放射性物質が検出され、国に出荷停止を指示されていた旭市、香取市、多古町の葉物野菜6品種が22日、3週連続で規制値を下回ったことから制限を解除された。これで県産野菜の出荷制限はなくなった。地元農家から喜びの声が出る一方、風評被害が残ることへ

の懸念も示された。
(「東日本大震災：出荷制限解除「まだ風評被害が」県、PRで払拭へ／千葉」毎日新聞2011年4月23日地方版)……(C)

　福島第一原発の放射能汚染への不安から、農水産物への風評被害が収まらない。いわれのない被害に産地は悲鳴を上げている。生産者を救うには消費者や市場関係者に冷静さが求められる。
(「食品風評被害　冷静に産地を見守ろう」中日新聞2011年5月9日社説)……(D)

　これらの記事では、「国の検査をクリアした安全なもの」、「出荷制限になっていない安全な農産物」、「出荷制限がなくなった」農産物が売れないこと、「福島第一原発の放射能汚染への不安から」農産物が売れないことを指して、「風評被害」と呼んでいます。ですから、こうした記述がどの程度事実を反映しているのか、どの程度根拠があるのかを考えてみることにします。これまでの分析が、主に報道そのものの構造から考えていたのに対して、ここでは、事実関係を参照することになります。
　まず、「福島第一原発の放射能汚染」は事実として存在するかどうかを確認しましょう。農産物が汚染されているかどうかは別にして、放射能汚染は事実として存在します。例えば、文部科学省と米国エネルギー省が公表したモ

ニタリング結果〔*39〕は、そのことをはっきりと示しています。したがって「福島第一原発の放射能汚染への不安」には根拠があります。

　次に、農産物が汚染されているかどうかですが、これ自体は、記事からはわかりません。自治体によっては、定期的に一部の農産物の情報を提供しているところがありますが、すべての産地ではありません。いずれにせよ、「国の検査をクリアした」「出荷制限になっていない」農産物は市場に出回りますから、暫定規制値が安全かどうかが、原因や根拠が存在するかどうかを判断する基準となります（枝野長官も早い時期から「よりきめの細かい指定や解除を行うことで、逆に指定を受けていない農作物については安全だということを消費者のみなさんに感じて頂き、風評被害をなくすことが重要ではないかと考えている」と述べていました）。第3章で確認したように、

1. 法令に従えば、1年間1ミリシーベルトを超える被爆は許容されない
2. 1年間1ミリシーベルトという基準は社会的に容認可能と考えられるものであって、安全の観点からは、その範囲でできるだけ無用な被曝を避ける

というのが、本来の社会的了解です。1年間1ミリシーベルトを超えた被曝は、決して安全とは言えないのです。

　一方、4.2で見たように、暫定規制値の目安は年間5ミ

リシーベルトですし、規制値をぎりぎりクリアしたものを1年間食べつづけたり飲みつづけたりすると、1年間に1ミリシーベルトを上回る状況になることがあります。従って、「国の検査をクリアした」もの、「出荷制限になっていない」ものが安全だとは言えないことがわかります。もちろんここで、規制値ぎりぎりのものを1年間食べつづけるという想定の妥当性が問題になります。政府やメディアは、暫定規制値内であれば安全だと言っていますし、また、本来、原子力事故後の緊急事態に適用されるべき暫定規制値がいつ解除されるのかも明らかにされていませんから、1年間どころかもっと長期にわたり消費する可能性を考えることは、妥当性を欠くものではありません。

　そもそも、暫定規制値が導入された背後の事実あるいは根拠を突きつめるならば、東京電力の原子力発電所事故によって大量の放射性物質が放出され、汚染が広まったことにたどり着きます。安全の観点からは、緊急時にやむを得ず導入された暫定規制値を下回るかどうかではなく、平時の状況と同等であるかどうかが基本的に確認したい事実であり、安全性の根拠です。したがって、平時と同じことがわかっているのにそれでもなお危険であるといった報道や噂が流れ、基本的に放射能汚染のないものまで売れなくなる場合は風評被害と言えますが、出荷制限はされていないけれども汚染されているものが売れないのは風評被害ではありません。東京電力の福島第一原発事故による汚染被害です。これを整理すると、表4のようになります。

	本来の被害種別	報道の被害種別
暫定規制値超	汚染被害	汚染被害
平時超〜暫定規制値	汚染被害	風評被害
平時	風評被害	風評被害

表4　汚染被害と風評被害

　次に、第二の点を考えてみましょう。すなわち、風評被害はもともと報道や噂の問題だという点です。すでに明らかにしてきたように、暫定規制値が安全であるという政府やメディアの主張には、日本が採用してきた社会的基準に照らして、根拠がありません。

　また、例えば水産庁は、2011年3月28日に開催した説明会で、「セシウムよりも海水の方が浸透圧が高いため、魚が摂取したセシウムはエラなどから体外に排出され」、「海中に放出された放射性物質は薄まるとともに、数千メートル下の海底に沈殿するため、水産物に影響を与え続けることはない」と述べていますが〔*40〕、4月の上旬にはコウナゴから高い濃度の放射性物質が検出されています。水産庁の説明も「事実ではない」ものであったことがわかります。つまり、危険かもしれないのに安全だという根拠のない情報、汚染されているのに汚染されないという事実ではない説明が、政府やメディアから提供されているのです。

　さらに、少なからぬ報道で、暫定規制値の範囲を越えて、

6 「安全」報道の波及効果

「実際に人体に影響が及ぶのは年間100ミリシーベルト前後とされる」、「胎児や赤ちゃんに影響が出ると考えられるのは50ミリシーベルト以上」、「100ミリシーベルト以上の被ばく量になると、発がんのリスクが上がり始めます」といった、社会的に合意されている判断の根拠を無視した報道がなされているのですから、それに対する疑問が暫定規制値に対する疑念に結びつくのも自然なことです。

一方、平時と変わらない、汚染されていない農産物や水が危険だという報道はほとんど見当たりませんし、ネット上でもそうした噂はそれほど目立ってはありません。むしろ多くの議論は、安全性を判断する情報が不足していることについてや暫定規制値が安全かどうかについてなされているものです。つまり、安全ではないかもしれないものを安全だという報道はあり、安全かどうかわからないものについての議論はありますが、本当に安全なのに危険だという噂は、食品についてはあまり目立ちません。

では、安全ではないのに安全だという、本来の社会的合意に反する無根拠な発表が政府からなされ、メディアで伝えられることは、風評被害につながっているでしょうか。実際につながっているかどうかはわかりませんが、安全ではないものを安全だと無根拠に報ずる政府やメディアへの不信が、具体的な判断を可能にする情報の不足とあいまって、細かい判断はせずに原発に近いところのものはできるだけ避けるという行動につながることは不自然ではありません。したがって、風評被害を論ずる報道そのものが、暫

定規制値内ならば安全だという根拠のない説を繰り返すことで、風評被害を生む土壌をつくり出していることになります。その意味では、平時を超えているけれども暫定規制値内に収まっている部分についてを仮に「風評被害」と捉えたとしても、その原因の少なくとも一部はこうした報道にあると考えられます。

　以上から、風評被害をめぐる報道が、汚染被害を、風評被害（いわれのない被害）で置き換え、それによって、汚染被害という最も基本的な現実を曖昧にする役割を担っていることがわかります。このような置き換えが曲がりなりにも成り立つのは、本来の基準の位置づけが曖昧にされていると同時に、報道によって暫定規制値は安全であるという風評が広められているためです。

　さらに、この置き換えを前提として、「生産者を救うには消費者や市場関係者に冷静さが求められる」というかたちで、汚染被害を引き起こした加害者が免責され、消費者や市場関係者の冷静を欠く態度が生産者に被害をもたらしているかのような図式が完成します。

　消費者や市場関係者がそれに対応してしまうと、健康被害が発生するリスクは高まりますから、結局、これまで見てきたような「風評被害」報道は、汚染被害に対する汚染者負担原則をなし崩しにして、それを消費者に負担させ、同時に健康被害を押し付ける、汚染者免責と健康被害拡大のメカニズムとして社会的に機能していることがわかります。

問題が生産者と消費者の関係にすり替えられることによって、生産者の被害は二重化されます。産物を汚染された被害に加えて、生産者は自ら汚染された食品を最も多く摂取する可能性が高いため、それによって背負う健康被害のリスクは、例えば東京に暮らす平均的な人よりもはるかに大きくなる恐れがあるからです。

6.2.3　拡散する「風評被害」

「風評被害」と言う言葉の用法はさらに拡散し、ほとんど意味をなさない報道や発言も散見されます。例えば、2011年4月24日NHKラジオ午前7時のニュースでは、次のように報じられました。

　　一部の国では輸入を制限したり、通常より高いレベルでの検査を求めるなどの風評被害が出ています。

　汚染されたものの輸入を制限することは、風評被害にはあたりません。また、汚染されていないことを確認するためには、事故が起きてしまったのですから、通常より高いレベルでの検査を行うのは風評被害を抑えるための標準的な手続きです。
　東京都副知事の猪瀬直樹氏はブログに次のように書いています。

新宿の健康安全研究センターに確認に行く。風評被害を防ぐため。
「地上20メートルの計測はおかしい。計測値の低いところだけで計っている」とか「地面近くの子供の背丈ぐらいのところでなぜ計測しないのか」など俗説がツイッター上で流されている。生半可な知識で専門性を否定する風評は許されない。
　2011年4月26日〔*41〕

技術的に言うならば、「空間線量」の測定にあたって、地表物質の影響を避けるために高いところで計測するのは妥当なことです。けれども、人は外出時、地上2メートルくらいのところまでで活動していることが多いのですから、「地面近くの子供の背丈ぐらいのところで」の計測を求めるのは、生活上の判断を行うためには根拠がないことではありません。また、新宿の健康安全研究センターでの測定値は実際に地表近くの測定値よりも低く、また、東京都として公式の測定が行われているのはここだけですから、測定の意図はどうであれ、「計測値の低いところだけで計っている」という状況は事実として成立しています。したがって、それらを風評と呼ぶことはできません。

6.3　児童の被曝

　少し方向は違いますが、これまで検討してきた報道のパ

ターンと対応するかたちで、極めて問題の大きな政策決定もなされています。文部科学省は、2011年4月19日、「福島県内の学校等の校舎・校庭等の利用判断における暫定的考え方」を発表し〔*42〕、児童生徒等の受ける線量が年間20ミリシーベルトを超えないことを基準としました（その後、多くの批判を受けたため、5月27日、20ミリシーベルトの基準は変えないものの、1ミリシーベルト以下に抑えることを目指すと発表しています）。年間20ミリシーベルトという値は、日本政府が受け入れているLNTモデルに従えば、

　1000人に1人

が癌で死ぬ値です。

　国は、労働基準法で、「放射線管理区域」における18歳未満の労働を禁止しています。管理区域の基準は3カ月で1.3ミリシーベルトですから、1年で5.2ミリシーベルトです。年間20ミリシーベルトというのは、その4倍近い被曝を児童に強いるもので、既存の法律や政令からあからさまに逸脱するものです。

　これに対しては、日本弁護士連合会が4月22日、問題点を指摘し撤回するよう求める会長声明を出しています〔*43〕、5月12日には日本医師会もこれを批判し「国ができうる最速・最大の方法で、子どもたちの放射線被曝量の減少に努めることを強く求める」声明を発表しています

〔*44〕。また、東京大学大学院教授の小佐古敏荘内閣官房参与が辞任するなどのニュースにもなりました。さらに、5月10日に放送されたフジテレビ「とくダネ」など、批判的な報道も出ています。

　法令で定められたもともとの基準が曖昧さのないかたちで報じられ、社会に浸透していれば、年間20ミリシーベルトという被曝量がどのようなものか、法的基準と照らしたその異様さもより大きな議論になっていたでしょうから、文部科学省もこのような基準を導入することはなかったかもしれません。基本的な基準が曖昧にされ、「実際に人体に影響が及ぶのは年間100ミリシーベルト前後とされる」、「胎児や赤ちゃんに影響が出ると考えられるのは50ミリシーベルト以上」といった専門家の自説がメディアで流布し、暫定基準値がいつのまにか「安全」の基準であるかのように報じられる中で、年間20ミリシーベルトがあたかも普通のことであるかのようにみなされる下地が作られたと言えます。

　自治体も、文部科学省の決定を基本的にそのまま受け入れています。例えば、千葉県松戸市は、独自に校庭などの線量を測定し始めた自治体のひとつですが、そのホームページに掲載された「大気中の放射線に関するよくある質問」コーナーでは、「市民の皆さまには、インターネット上の様々な情報に惑わされず冷静な対応をお願いします」と朱書きで注意を促したのちに、「子どもを学校の校庭で遊ばせて大丈夫でしょうか？」という質問に対し、

> 4月19日に文部科学省から発表された「福島県内の学校等の校舎・校庭等の利用判断における暫定的考え方について」によると、学校等で3.8μSv／時間未満の放射線量であれば校舎・校庭等を平常どおり使用して差し支えないとの見解でした。松戸市で測定している各測定地点とも、この3.8μSv／時間を大幅に下回っているため、子どもを学校の校庭で遊ばせて大丈夫と考えられます。

と答えています〔*45〕。

個人的に安全を確保できる人は、経済的・物理的な面だけを考えても限られています。さらに、「安全だからこれまでと同様に」「風評被害に負けず」という掛け声の中、そして、本当に安全を考えて行動を取ろうとする人は「冷静でない」「パニック」を起こした存在であるかのように見なされる雰囲気の中で、児童の被曝が強いられる環境が作り出され、維持されることになりました。

繰り返しになりますが、年間20ミリシーベルトの被曝は、日本が受け入れてきたモデルによれば、

1000人に1人

が、被曝を理由に致死的な癌を発症するという値です。1000人の児童がいる学校に、児童の誰か1人を殺害するという脅迫があった場合、学校は何らかの対策を取るはずです。何も対策を取らなければ、大きな批判が起きるので

はないでしょうか。それにもかかわらず、被曝については、不思議なことに、同等のリスクは「大丈夫」なものとなっています。

6.4　全体を整理する

第2章から本章までで考察してきたことを整理すると、以下のようになります。

- 事実、科学的知見、基準、安全、安心がそれぞれ別のレベルに属する概念であること、その中で本書の課題は安全を確保するために情報を適切に読み取ることにあることを確認しました。
- 情報を読み取るために必要な基本的知識を、基準と被曝のパターン、放射性物質に関する単位の3点から整理しました。
- 報道に現れるベクレルとシーベルトの換算やその解釈を、社会的な基準と数値の換算を使って検証しました。
- 「科学的知見」、「基準」、「安全」、「安心」がどのようにメディアで関連付けられているかを検討しました。メディアが描き出す配置は図6のようになることを明らかにしました。

6 「安全」報道の波及効果

　改めて、安全をめぐる報道から、主な文言を並べてみましょう。

　　100ミリシーベルト以上の被ばく量になると、発がんのリスクが上がり始めます
　　100ミリシーベルト――がんになる可能性
　　実際に人体に影響が及ぶのは年間100ミリシーベルト前後とされる
　　100ミリシーベルト――がんで死亡する確率が上昇
　　胎児や赤ちゃんに影響が出ると考えられるのは50ミリシーベルト以上
　　積算線量10ミリシーベルト超も専門家「リスク極めて低い」
　　原発事故、健康被害の心配なし
　　人体に影響を及ぼす程度ではない
　　具体的な危険が生じるものではない
　　実生活で問題になる量ではない
　　たばこを吸う方が、よほど危険
　　被曝量は胸部CTスキャン1回分程度
　　ただちに健康に影響を及ぼす数値ではない
　　念のための措置
　　規制値には余裕
　　基準内で流通する食品を食べる限り、健康に影響はない
　　冷静な対応をお願いしたい
　　パニックの方が問題

まず、「専門家」等による放射線リスクに関する主張があります。2011年5月半ばまででもっとも目につく主張は100ミリシーベルトを超えると健康に被害が出るというものです。このとき、法令で定められた基準が明記されないこともしばしばあります。これにより、

1. 法令で定められたもともとの基準値が曖昧になり、

2. 基準そのものの位置づけも曖昧になります。

本来の基準にかわって、

3. 100ミリシーベルトまでは健康に影響はでない

という説が、ある種の「基準」となります。
　このような環境で、個別の放射線量や汚染をめぐって、場合に応じてたばこやCTスキャンなどとの対比も持ち出しながら、心配には及ばないことが主張されます。さらに、個人の心理や感情に訴える安心の語りは拡張され、状況の安全性が説かれることになります。ここから、

4. 原発事故で放出された放射能の影響が通常化・矮小化され、

5. 安全性・危険性を評価する具体的な基準と情報が欠け

ていることが曖昧になり、

また、暫定規制値に関しても安全性が語られることで、

6. 必ずしも安全ではないが事故のためやむを得ず導入したものという暫定規制値の位置づけも曖昧になります。

　こうして作り出された議論の枠組みの中で、冷静に対応するよう呼びかけがなされることにより、今度は、

7. 状況は必ずしも安全ではないと判断し、安全を確保する行動をとることが冷静さを欠く感情的な振舞いであることが仄めかされ、

8. 「風評被害」という言葉のもとで汚染された作物の被害が冷静さを欠く消費者によるものとされ、汚染者負担原則が曖昧になります。

また、平時の基準を大きく超えても健康に問題は出ないという考えが流布する中で、

9. 本来決して認めることのできない被曝を児童に強いる方針が導入され運用されることになります。

　以上が、基本的にここまでの分析で明らかにした点で

す。2011年3月11日に東京電力の福島第一原発が事故を起こしてから4月半ばくらいまでの報道を中心に分析したものですが、その後も、報道に多様性は出ているものの、これまでに観察してきた基本的なパターンは繰り返されています。

7 「安全」の視点から考える

　最後に、では結局、様々な情報の中で、安全を確保するためには一人ひとりがどう考えればよいかを考える課題が残っています。本書のテーマはリテラシーすなわち情報を読み解くことですから、安全を考える際、「どうすれば安全か」に直接的な解答を与えるのではなく、「安全を確保するためにはどのような手順でものを見るのが妥当か」が考察のポイントとなります。ただし、後者を検討すれば、前者についても一定の方向性は示唆されることになります。

　2.2.3でリテラシーの課題を整理する際、私は次のように書きました。

　ところで、「確率0.00005だと、2万人に1人しかそれが原因で癌にはならないのだから安全だ」と言ったとたん、言われている内容のレベルは科学的な知見をめぐる専門的なコメントから、状況に対する個人的な判断に移ります。放射線が生体にもたらす影響を研究している専門家は、個々人の「安全」に対する判断の専門家ではありません。ですから、このような発言は、「確率0.00005だと、2万人に1人それが原因で癌になると考えられて

いる」という専門家の説明の部分、すなわち科学的な知見を表明する部分と、「だから安全だ」という一個人としての主張、すなわち個人的な判断の部分とに分かれることになります。

報道で「科学的知見によれば／政府発表によれば、……である。したがって安心・安全だ」というかたちの議論が多く見受けられることはこれまで見てきましたが、この、まったく異なるレベルの主張を結びつける「したがって」は、本来、安全を考える際にきちんと踏まえるべき基準も個人の判断の領域も曖昧にした上でようやく成り立つもので、適切なものではありません。

自ら情報を読み解く立場からは、これをそのまま受け入れずに、その前で立ち止まり、それが妥当かどうか検討することこそが重要です。「安全」をめぐる判断を行うために情報を読み解くことを考えるならば、

　　安全を考えるならば……である。したがって、基準や科学的見解の選択肢、報道を……と理解するのが妥当である

という、逆の方向から考えていく必要があります。

7.1　安全を考える際の標準的な手続き

放射線を浴びた影響は（大量の被曝でなければ）あとに

7 「安全」の視点から考える

なって現れます。今後にわたって安全を確保する判断をどのように行うか、様々な場で試された一般基準が確立していますので、それを確認することから始めましょう。

7.1.1 自分が状況を判断するときの指針

危機的な事態あるいはその可能性を前に、どのように対応すべきかについては、「危機管理」の方法として研究が進み、有効な一般的指針が確立しています。論者によって細かい違いはありますが、基本的なポイントを要約すると、次のようになります〔*46〕。

1. 丁寧に兆候を見ること。最悪ケースのシナリオは何かを同定し、それが起きるかもしれないと考えること。
2. 現時点で行う小さな投資によって将来の巨大な損失を避けることができると考えること。
3. 事態は改善する前に悪化すると考えられるので、ダチョウ症候群——事態を無視すれば危機は過ぎ去ると期待すること〔*47〕——は、取るべき選択肢とはならないことをしっかりと認識すること。

最悪のケースを考えるのは楽しいことではありません。ですから、どうしてもそれを避けたり、最悪のケースの可能性を提示している情報を「感情的である」とか「煽っている」と見なして安心しようとする心理的機制が働きま

す。「冷静な対応を」という言葉で、プロセスとしての普段通りの行動が強く示唆される状況では、なおさらです。それに加えて、将来のことについては、たとえ現在に要因があると言われても、危険なことは自分にだけは起こらないとする認知的なバイアスがかかることもよく知られています。これは「非現実的な楽観主義」と呼ばれます〔*48〕。このような理由から、最悪のケースを考えることには誰もが消極的になりがちですが、危機管理の観点からは、

　最悪のケースを考えて今から対応すること

が鉄則です。
　これで、本章の冒頭にあげた、「安全を考えるならば……である。したがって、基準や科学的見解の選択肢、報道を……と理解するのが妥当である」という視点のうち、「安全を考えれば……である」という部分に指針ができたことになります。すなわち、

　安全を考えれば、最悪のケースを想定し、今から対応することが必要である

となります。ここから、状況認識や安全に対する様々な科学的知見のうちでどのようなものを基準として選ぶかも決まります。適切な範囲で考えうる選択肢の中で最悪のケースを選ぶのが正解です。

7 「安全」の視点から考える

　ところで、第1章(はじめに)で、私は、次のように述べていました。

　　本書では、福島第一原子力発電所で急激に事態が悪化することはないけれども(これは事態を考えるための前提であり、事態の急激な悪化はないと私が主張しているわけではありません)、放射性物質の漏出・流出などはまだ続くと考えます。

　本書のテーマは、その範囲で、「安全」をめぐる情報を読み解くことにありますから、事故を起こした東京電力の原発そのもののこれからについて、最悪のケースを考えることは本書の範囲外です。本書の範囲で考える最悪のケースは、特に放射線の影響について言われている様々な見解の中で最悪の可能性を示しているもの、ということになります。これについては7.2で整理します。

7.1.2　他人の発言を解釈するとき

　少し脇道にそれますが、「様々に言われている中で最悪のもの」を判断する際には、発言者が信頼できるかどうかも考慮することがあります。その場合「最悪のこと」は「そもそも嘘をついている」ことになりますが、そう考えてしまうと今度は言われていることの評価までたどり着けなくなってしまいますから、もう少し穏当に考えます。

これについては、単純な確率についての考え方が参考になります。例えば、コインを100回投げて、100回とも裏が出たとします。このときには、

　　裏も表も同じ確率で出るはずだけど、たまたま100回とも裏だけが出た

と考えるよりも、

　　実は裏ばかりでるコインだ

と考える方が妥当です。
　同様に、これまで誤ったことを繰り返し言ってきた発言者については、その度合いに応じて、今度も誤っているのではないかと考えるのが基本です。

7.2　最悪のケース

　危機管理の原則に従って、基準や「科学的知見」を検討する作業に入りましょう。これまで、基本的なものとして受け入れてきた日本政府の平時の基準と国際放射線防護委員会（ICRP）の基準も含めて検討することになります。
　ICRPの基準では、一般の人が自然放射線と医療行為を除いて受けてよい線量は、

7 「安全」の視点から考える

　　1年間に1ミリシーベルト

です。日本でも、法令で一般の人々の被曝上限が年間1ミリシーベルトであることは、繰り返し確認してきました。この基準の背後にある考えは、受ける線量が

　　1ミリシーベルト　だと　0.00005
　　10ミリシーベルト　だと　0.0005
　　100ミリシーベルト　だと　0.005

の確率で、致死的な癌になる、というものです。約2万人が1ミリシーベルトの放射線を受けたとすると、そのために癌で死ぬ人が1人出る、10ミリシーベルトだと2000人に1人、100ミリシーベルトだと200人に1人、というわけです。

　一方、新聞などでは、多くの場合、100ミリシーベルトが健康に影響するかしないかの「基準」となっています。東京新聞に毎日掲載される解説では100ミリシーベルトに「がんで死亡する確率が上昇」と書かれていました。また、これまで本書で検討してきた複数の記事でも、健康被害が出るのは100ミリシーベルトと書かれていました。この主張は、

　　100ミリシーベルト　だと　健康被害
　　それより少ない場合は　影響なし

というものです。100ミリシーベルトを超えたときの被害状況については、記事によっても異なりますが、例えば何度か引用した中川恵一氏の記事では200人に1人が癌になるとされています。

これに対し、ドイツは、ICRPよりも危険を重く見た基準を採用しています。ドイツ放射線防護協会によると、ドイツでは実効線量係数については基本的にICRPと同じ係数を採用していますが〔*49〕、平時の限界線量を0.3ミリシーベルトと定めています。また、シーベルトあたりの致死的癌の確率についてICRPの算出よりも高いと考えているようです。このような考えに基づき、ドイツ放射線防護協会は、日本に対し、乳児、子ども、青少年には飲食物1キログラムあたり4ベクレル未満、成人は1キログラムあたり8ベクレル未満にセシウム137を制限するよう提言しています。

ヨーロッパ放射線リスク委員会（ECRR）も、ICRPより厳しい安全性基準を提唱しています〔*50〕。ECRRの勧告では、ICRPが採用している線形しきい値なしモデルについて、

・急性の大量外部被曝については妥当
・持続的外部被曝については十分でない
・内部被曝については科学的方法の利用において重大な誤用がある

7 「安全」の視点から考える

と述べ、特に内部被曝についてICRPよりも危険をはるかに大きく考える立場から、ICRPとは異なる実効線量係数を定義し、一般人の年間被曝量を0.1ミリシーベルト未満に抑えるよう主張しています。ECRRが定義した、実効線量係数を表5に示します。経口摂取と吸入摂取は区別されていません。

	0-1歳	1-14歳	成人
ヨウ素131	0.00055	0.00022	0.00011
セシウム137	0.00032	0.00013	0.000065

表5 ECRRの実効線量係数

　この他、微量の放射線は体によいという説もあります〔*51〕。

　これらのうち、放射線の影響について最悪の可能性を想定し、厳しい基準を設定しているのは、ヨーロッパ放射線リスク委員会のものですから、危機管理の一般的基準に従えば、放射線の影響に対する「安全」の問題を考えるためには、ひとまず、ECRRの基準を踏まえるのが妥当な判断となります。
　安全を確保するという観点から、危機管理の原則に従って被曝の危険性に関するいくつかの見解を評価していくと、これまで日本が平時に採用していた基準よりも厳しい

基準が準拠枠として出てきました。これは不思議に思われるかもしれません。けれども、例えば大きな交通事故が起きた場所では制限速度を下げたりなど、従来よりも厳しい基準が求められるのは自然なことです。東京電力の福島第一原子力発電所で事故が起き、大量の放射性物質が放出され漏出したことをきっかけに、放射線の基準について、より厳しい見解が出ることも、不自然ではありません。

　もちろん、交通事故との対比は、放射線に関する安全基準についてよりも、むしろ原発の設計や運用に関わる安全基準についてより直接的に成り立つものです。ただ、原発の設計や運用に関わる安全基準は、かなりの部分、そもそも放射線が危険であることと関係していますので、結局、放射線に関する安全基準のあり方にも関わってきます。

　なお、本来は、放射線被曝の量的リスクだけでなく、質的側面についても、様々な説を考えておく必要があります。本書では、ICRPに従い、致死的な癌、非致死的な癌、遺伝的な影響だけに言及してきましたが、それ以外に、低線量の被曝は様々な健康上の問題を引き起こすという指摘もなされています。例えば、いわゆる「ぶらぶら病」のように、寝込むほどではないけれども持続的に体調が優れない状態が続く病気が低線量被曝により引き起こされるという説もあります。また、被曝による免疫機能の低下が各種の健康被害を引き起こすことも報告されています〔*52〕。

7 「安全」の視点から考える

7.2.1 危機管理の原則のうち、後半部分

「危機管理」の鉄則は次のようなものでした。

　最悪のケースを考えて今から対応すること

また、放射線が及ぼす影響について、現在、それなりに考えうる範囲での最悪ケースはわかりました。そこで、危機管理の鉄則の後半部分、すなわち「今から対応すること」の部分に話を移しましょう。簡単のため、年間被曝量の基準で話をします。原則は単純です。

　0.1mSv以下の被曝に抑えること。

基準を設定したら、次は、これを維持するためにどうすればよいか考える段階に入ることができます。いくつか、例を考えてみましょう。
　まず、日本政府の暫定基準値に従った水や野菜は、どの程度摂取すれば基準値を越えるのか計算してみます。ECRRの実効線量係数を使うと、ヨウ素131については、

　成人　0.1 (mSv) = 909 (Bq)
　乳児　0.1 (mSv) = 182 (Bq)

となることがわかります。放射性ヨウ素について、飲料

水の暫定規制値は成人で1キロあたり300ベクレルですから、基準ぎりぎりの水を飲む場合、3リットルで0.1 mSvに到達してしまいます。乳児の規制値は100ベクレルなので、1.82リットルで0.1 mSvに到達してしまいます。ほうれん草の暫定基準値は1キロあたり2000ベクレルですから、大人ならば約455グラムで、乳児ならば約180グラムで、0.1 mSvに達します。

4.2.1で計算したときと同じように、1日1リットルの水を飲むとすると、1年間に飲む水の量は365リットルとなります。大人の場合、

$$909 \div 365 = 2.49 \,(\text{Bq/l})$$

ですから、1リットルあたり約2.5ベクレルを越えてはいけないことになります。

日本人の平均野菜摂取量は、4.2で見たように、約295グラムでしたから、1年間で108キロ程度の野菜を食べることになります。成人の場合、

$$909 \div 108 = 8.4 \,(\text{Bq/kg})$$

ですから、1キロあたり8.4ベクレルを越えてはいけないことになります。これらは、他の経路で被曝しないことを前提として単純化したものですが、被曝の経路を数え上げることができる限り、こうした計算はそれほど難しくはあ

7 「安全」の視点から考える

りません。

けれども、現実は必ずしも簡単ではありません。実際のところ、すでに人々がそれ以上の放射線に晒されている地域は多くありますし、日本共産党の調査によると、例えば東京の東部では、環境放射線量を考えただけでも、この基準どころか年間に1ミリシーベルトという基準を満たすのも困難なようです〔*53〕。ですから、この基準に従って最悪のリスクを想定するならば、関東圏のかなりの人々も避難を考える必要が出てきます。けれども、現実的に数千万人が移住するのは無理でしょう（とはいえ、避難できる人が実際に避難するのは、安全の観点、リスクを最小化するという観点からは自然なことです。仮に様々な要因でそうした行動に批判的な評価が下されるとしても、少なくとも個々人の安全を確保するという観点からは、移住するという行動が決して否定的に評価されるべきものでないことははっきりしています）。

最悪のリスクを考えたときの行動基準を現実には満足することができない場合、どのように対処すればよいでしょうか。危機管理の原則に則るならば、最悪のケースに関する認識は変えずに、可能な範囲で最適な対処策を取ることになります。つまり、0.1ミリシーベルトを維持するのは無理だから、20ミリシーベルトに基準を緩めてしまえというのではなく、完全に対処はできないかもしれないけれど0.1ミリシーベルトをできる限り維持するように行動しよう、というのが安全維持の観点からは妥当な対応策にな

ります。

あくまでも例ですが、例えば放射性ヨウ素については、

・水については、暫定基準値を越えていなくても、1リットルあたり2.5ベクレルを越えていればミネラルウォーターを使う
・食べ物については、暫定基準値を越えていなくても1キロあたり8.4ベクレルを越えたものは食べない

といった対応を取ることが「今から対応すること」の内実となることになるでしょう。なお、これでは、他の放射性物質を考慮していないことになりますので、あくまで「例えば」の話です。本当にできるだけ0.1ミリシーベルト以内に抑えるためには年齢や居場所を考慮して改めてきちんと対応計画をたてる必要があります。いずれにせよ、こうした判断を下すためには、詳細な情報が提供されている必要があります。

これに対し、政府やメディアが示唆する「プロセスとしての普段通り」という行動は、安全を確保する観点からは、取るべき選択肢に入らないことがわかります。政府やメディアが言ってきたことは、危機管理の手続きにしたがって冷静に判断するならば、いささかも安全を確保するものではありません。なお、一部の専門家は、ここで述べた観点から個人的安全を確保することに対して、「科学的知見」に基づく批判的意見を表明するかもしれません（こうした

専門家の行動パターンと心理を分析することは興味深い課題です)。けれども、専門家の多くは、意見を表明してくれる程度には親切でも、おそらく個々人の健康被害をフォローして責任を取ってくれるほど親切ではないでしょうから、個人としては、そうした意見にあまり左右されることなく、リスクを大きく見積り、現実的な範囲でできる限りの安全を確保するほうがよいでしょう。

7.3 安全と社会

　以上は、純粋に、放射線被曝から安全を確保するための指針です。けれども、実際の状況では、安全に関する他の要因も考慮しなくてはならないことがあります。例えば、放射線被曝のリスクを避けて安全を確保するために避難することが必須であると判断された場合でも、それに伴う別のリスクを考慮するならば避難しない方がよいこともあり得ます。この場合、結果だけを見ると、「プロセスとしての普段通り」が選択されたように見えることがありますが、それは、より広い視点から安全を考慮してなされた総合的な判断であり、そうした検討をへずに、ただ無根拠に安全であるとしてこれまで通りにしていることとは違います。また、場合によっては、個人の安全だけでなく、社会的な要因、安全以外の要因も考慮すべきとされることがあります。

　個人の安全を考える際に、同時に何が考慮されるべき

かは、倫理的な判断にも関わってきます。例えば、ECRRのモデルは、ICRPのモデルを科学的に批判するだけでなく、倫理的にも異なる立場をとっています。ICRPのモデルは、基本的に、功利主義的な立場に立ち、社会的な便益と個人のリスクとのバランスを考慮します。この考え方は、ICRP主委員会委員で放射線生物学を専門とする京都大学名誉教授丹羽太貫氏の、「低線量被ばくをどこまで防ぐかは、費用や社会的影響を考慮して考えなければならない」という言葉に典型的に現れています〔*54〕。これに対してECRRは、被曝については「ジョン・ロールズの正義論〔*55〕のように権利を重視する哲学、そして世界人権宣言に基づく考え方」が適用されるべきであり、社会的な便益の名のもとで個人に生存のリスクを負わせることは認められないと考えます。

　ECRRの立場に立てば、「安全」以外の観点から被曝許容量を引き上げることは、倫理的に考慮されるべきでないことになります。独立した判断を行うことができ、自分については責任を取ることができる大人が、他者や社会の利益に対するまったく個人としての考慮から、一定の危険を自ら引き受けることはあり得るかもしれません。けれども、社会的な便益の観点から、同じ行動を他人に押し付けることは許容できないことになります。一方、ICRPの立場に立てば、政府が緊急時の個人の被曝許容量を決める際に、社会的な便益を考慮して個人にリスクを負わせることも考えられることになります。

7 「安全」の視点から考える

　ところで、東京電力の原発事故後に日本政府が取ってきた対策も、報道が示した方向も、少なくとも表向きに言われている限りでは、このいずれの立場でもありません。避難対象地域の住民は避難すれば安全であり、それ以外の地域は普段通りにしていれば安全であり、暫定規制値は安全であり、安全はそのまま確保されている、というのが基本的な主張だったのですから、個人の安全はほとんどすでに確保されており、したがって社会的な便益と安全の関係も、その関係を検討することの妥当性も、そもそも考える必要さえなかったのです。

　これに対して、本章で安全を考える視点を導入したことで、改めて、自分の安全と他人の安全や、個人の安全と社会の便益などを、検討することができるようになります。こうして、2.2.2で定義した5つのレベルのうち、安全を考えるにあたって基本となる2つのレベル、すなわち社会的なレベルと個人的なレベルの関係に話は戻ってくることになります。緊急時であること、また事実として平時の基準を越えて被曝する可能性を多くの人が抱えているときに、この関係をどう考えればよいのでしょうか。最後にこの点について、ECRRやICRPの倫理的な立場のように大上段に構えたかたちでではなく、考えてみます。

　農産物の汚染を取りあげてみます。メディアが「風評被害」と報じた事態の多くは、実際には汚染被害であって、その責任が東京電力（および事故を防止するための十分な安全基準を設けてこなかった政府）にあることは6.2で整

理した通りです。その事実を隠したまま、事故のあった原子力発電所に近い地域の産物を皆で消費しようという社会的雰囲気がつくり出されると、そうした地域の生産者は、農産物を汚染された上に、自らの消費量も多いため、他の人々よりも大きな健康上のリスクを負ってしまうことになります。そもそも暫定規制値内のものでも安全とは言えないのですから、原発に近い産物は避けて被曝をできるだけ抑えようとすることは、個々人の安全の観点からは妥当なことです。「冷静な対応を」とか「パニックが問題」といった言葉で、「自分だけ」安全を確保することを暗に非難するような圧力が働きがちですが、「自分だけでも」安全を確保するのは非常に大切なことです。費用を考慮して安全をないがしろにしたために起きた原子力発電所の事故により、膨大な汚染と大規模な被曝の危機が広まったあとで、さらに重ねて、「費用や社会的影響を考慮して」自分の安全を犠牲にする必要があるとは思えません。

　けれども、残念ながら、話はここで終わりではありません。基本的に本書ではこれまで、避けられるリスクを一般の人々に負わせる方向で機能する報道や政策に対して、どう安全を確保するかという枠組みで話を進めてきました。けれども、事故収拾の見通しがはっきりせず、汚染がじわじわと広がる中で、日本に暮らす1億3000万人全員が、東京電力の事故により汚染された農産物や海産物を避けて生活を送れるわけではありませんし、残念なことですが、特に本章で述べた基準で全員が被曝を避けることは不可能

です。報道の問題を指摘し、責任を追うべきところの責任を問い、賠償などがまとまったとしても、それでも避けられない放射能汚染のリスクを誰がどのように負担するかという問題は、回避できない現実のものとして単純に残ります。

そもそも、現場で事故の収拾に従事している人々は、本書で論じてきたレベルをはるかに超えるリスクを負っています。それ以外の人々の中でも、汚染リスクの負担配分は、すでにある程度なされてしまっています。第一に、子どもは、単に放射線に対する感受性が高いことから、同一環境にいる大人よりも大きなリスクを背負っています。汚染が今後も長く続くことを考えると、これから生まれてくる世代もまた、同様です。第二に、事故を起こした原発の周辺にたまたま暮らしていた人たちがいます。東電の事故により大きく汚染され、避難を余儀なくされた地域の人々は、被曝を避けるためにこれまでの生活を放棄せざるを得ませんでした。また、農地や漁場を汚染された人々にとって、放射線のリスクは、被曝により未来のどこかで健康被害を被ることよりも、現在の生活を崩壊させるものとして、より強く感じられているでしょう。

主に東京——たまたま私もそこに暮らしています——に供給する電力を造っていた原発の事故で、事故を起こした原発に対して間接的にさえ責任のない子どもたち、原発で造られた電力をまったく使っていない人たち、基本的に事故に責任のない人たちが、最も大きな被害を被り、危険に

晒されているのは、奇妙な、論理的に納得しにくいことです。子どもについて言えば、年間20ミリシーベルトまでという基準の影響を最も大きく受けるのはやはり原発に近い地域の人々ですし、さらに、幸いにして基準を厳しくすることができたとしても、事故で引き起こした汚染を取り消すことができない限り、大人よりも子どもが大きな負担を負ってしまう状況は変わりません。

　これは今まさに事実としてある負担配分の奇妙さですが、今後についても同様の事態が発生する可能性はあります。例えば、仮に、汚染された食品を避けることができる人が、それを避けることにより、別の人が汚染された食品を引き受けざるをえないとして、汚染に責任がない人がその汚染を引き受けてしまうとするならば、それはやはり理性的に消化しにくい状況です。別の人に汚染された食品を押し付けることにならなくても、ただ事実として、いつも特定の人たちはある程度危険を避けることができ、また別の特定の人たちは避けることができないとすると、その状況も奇妙です。

　この奇妙さを多少なりとも気にするならば、誰であれ、個人の安全を考えるときに、将来にわたって同じ事態が繰り返される状況を温存したまま、一部の消費者は引け目から、生産者や小売商店や一部の消費者はやむなく、あるいは報道に流されて、粛々と汚染被害を引き受けると同時に健康被害のリスクを負いながら暮らすという、政府やメディアが推奨する状況からただ個人的に身を引き離して安

7 「安全」の視点から考える

全を確保することを考えるだけでなく、そもそもこのような事故を引き起こし、大規模な汚染を広め、その汚染のリスクを特定のかたちで配分することになった社会はどのようなものなのか、そのような事態が繰り返されることのない社会はどのように構想されるのかを、同時に考える必要が出てきそうです。逆説的ですが、その中で改めて、私たちは、「費用や社会的影響を考慮」すること——その枠組みでは、子どもに年間20ミリシーベルトの被曝を許容することも、場合によっては可能になります——とは違うところで、個人の安全と社会との関係を考え、健康被害だけでなく東電が引き起こした放射能汚染の被害をより広くとらえた上で、現在の汚染をどこまで引き受けるのかについても考えることができるようになるはずです。

8 おわりに

　2011年4月12日、政府は東京電力福島第一原子力発電所事故の国際的な事故基準による評価を、それまでのレベル5から、最悪のレベル7に引き上げました。その際、4月5日までの、大気中へのセシウム137とヨウ素131の放出総量の推定試算値を63京ベクレルと発表しました〔*56〕。4月21日には海に流出した放射能総量が4700兆ベクレルと報じられました。東京電力は、5月13日、1号機で3月に炉心溶融（メルトダウン）が起きていたと発表し、23日にはさらに、2号機と3号機でも炉心溶融が起きていたと発表しました。

　5月2日、緊急時迅速放射能影響予測ネットワークシステム（SPEEDI）の予測がようやく全面的に公開され、6日には、文部科学省と米国エネルギー省が東京電力福島第一原発から80キロ圏内の線量、地表面のセシウム蓄積量のマップを公開しました〔*57〕。農産物や魚、海水の汚染などについては新聞で報じられるほか、それより詳しい情報が、関係省庁や自治体の担当課から出されていることがあります。例えば、水産庁は各都道府県等における水産物放射性物質検査結果をホームページで公開していますし、埼玉県では農産物安全課や森づくり課、畜産安全課、生産

8 おわりに

振興課が、野菜、しいたけ、原乳、茶に関する調査をそれぞれ担い、電話での問い合わせを受け付けているほか、決して十分とは言えませんが、定期的にインターネットで情報を提供しています。土壌汚染については、研究者の協力で福島を中心とした地域のマップが作られています。原発事故の状況についても、放射能汚染の状況についても、本書を執筆している段階で、少しずつ、実態が明らかになってきています。

こうした中で、埼玉県の東秩父村で4月22日に採集された牧草から、神奈川県の足柄で5月9日に採集された茶から、規制値を超える放射性セシウムが検出されたり、また、近畿大学教授の山崎秀夫氏が行った土壌調査により、例えば東京の一部で茨城県の測定地点よりもセシウムが高濃度になっていることなどが明らかにされたりしています。こうした状況は、放射能汚染の実態を把握するために、現在、国が行っているよりも、はるかに詳細な調査を継続的に行い、結果を公表する必要があることを示しています。

本書で、報道をその構造と機能の観点から言葉に即して読み解くことを重視し、事実と突合せることで報道の誤りを検討する作業をあまり行わなかったのは、リテラシーの観点から言うと後者は前者に対して副次的であるという理由もありますが、個別の出来事について、その都度入手できる情報が限られる状況が少なくなかったことも大きな理由でした。

とはいえ、本書を執筆している2011年5月末の時点から状況を振り返ると、後知恵で、一部の報道を事実との関係から評価することができます。原発事故の深刻さについては、事故直後から3月一杯の報道を読み返すと、「炉心溶融はあり得ない」、「冷却水が漏れている可能性は低い」、「格納容器は衝撃に耐え、本来の機能を果たした」、「福島第一原発はチェルノブイリにはならない」等々、政治家や専門家、そして自称専門家がメディアで行った発言の多くが、事故を過小評価したものであったことがわかります。同様の状況はネットの上でも起きていました。例えば、京都女子大学教授で物理学と情報学を専門とする水野義之氏は、2011年3月11日、twitter上で

　　九州大学の吉岡斉さんは、原発関連の科学技術政策の専門家なのだけれど、今回の福島原発で冷却できないとメルトダウンの可能性がある、などと言及されるのは理解できないなぁ。どういう理解をされているのか、聞いてみたい。そのコメントをするのであれば、関連分野の専門家を呼ぶべきでしょう。残念。

と述べていました。放射性物質の放出規模に関しても、3月15日、一連の爆発により放射能が環境中に放出される中で、枝野幸男官房長官は「若干の放射性物質が流出していることが推察される」が「周囲の数値に大きな変化はない」と述べるなど、事態を過小評価した発言が繰り返され

ました。

　汚染の広がりについても過小評価の例には事欠きません。6.2で見た例ですが、水産庁は2011年3月28日に説明会を開き、「セシウムよりも海水の方が浸透圧が高いため、魚が摂取したセシウムはエラなどから体外に排出される」と説明し、「海中に放出された放射性物質は薄まるとともに、数千メートル下の海底に沈殿するため、水産物に影響を与え続けることはない」と述べています〔*58〕。この言葉を嘲笑うかのように、4月の上旬にはコウナゴから放射性ヨウ素とセシウムが検出され、専門家からの反論も出ています〔*59〕。

　第7章で述べた、他人の発言を解釈するときの一般的な指針に従うならば、この話題に関する政府や省庁の発表や専門家の発言、そして報道は、今後も、危険を過小評価しているのではないかと考えた方がよいことになります。

　セシウム137（半減期約30年）やストロンチウム90（半減期約29年）のように半減期の長い放射性物質による汚染は、今後も長期にわたり影響を与え続けることになります。汚染の実際の状況を知るためには、今後も長い間にわたり、詳細なデータが必要となります。けれども、そうしたデータが入手できるようになるまでには時間がかかるかもしれませんし、また、これまでの状況から推測できるように、そのときどきの状況に対して下さなくてはならない判断にいつも間に合うとは限りません。実際、放射性物質を含む汚泥がセメントに利用されて流通するなど、詳し

い汚染実態の初期調査が体系的になされなかったことにより、汚染は見えにくいかたちで拡散を始めています。そうしたことを考えると、今後も、放射能汚染の安全性をめぐる報道については、事実に照らして判断することが難しい状況が続くことが予想されます。

　本書で行ってきた報道の分析が、今後あり得るそうした状況で、情報を読み解き、多少なりとも適切な判断を下すための一助となれば幸いです。

あとがき

　本書は、2011年4月にブログ上で公開した一連の『社会情報リテラシー講義』を全面的に改稿し、一冊にまとめたものです。

　2011年3月11日、東京電力福島第一原子力発電所が事故を起こしてから、不思議なことに、少なくない数の知人たちから相談を受けました。知人たちとの話を通して明らかになったのは、多くの場合、求めているのが、状況の危険性に対する科学的な知見ではない、ということでした。自分なりの判断は一応しているのだけれど、まさに報道に科学的な知見と称する主張があふれ過ぎていることから、自分の判断の正しさを一方で信じながらも、不安がつきまとう。その不安を払拭するためには、メディアにあふれた科学的知見が正しいとか間違っているといった議論の前に、それがどのような背景から語られ、どのような働きを担っているかを説明することが重要であることを、知人たちとの話から実感しました。

　原子力発電所についても放射能の危険性についても素人であり、言語とメディアのかなり形式的な分析を一応の専門としている筆者に知人たちが連絡してきたのは、彼ら彼女らの知り合いの範囲では、メディアを読み解くことに最も専門的な知識を持っているのが私だと考えてのことだったのでしょう。

　当初は、知人たちと個別に交わした会話の内容をまとめて公開する意図はありませんでした。ブログで公開することに決めたのは、米倉弘昌経団連会長による次のような発言を耳にしたからです。

あとがき

> 1千年に1度の津波に耐えているのは素晴らしい

この言葉を前に、放射線よりも、言葉が完全に崩壊してしまうことを恐れ、わずかではあっても言葉を立て直す言葉を公に語らなくてはならないと思ったことが、公開することに決めたきっかけのひとつでした。

もうひとつ、それとはかなり違う理由もありました。本書でも引用した国際放射線防護委員会（ICRP）の報告書は有料の出版物で、一般には手に入りにくいものですが、私の勤務先では電子ジャーナルとして契約しているため、自由にアクセスできたことです。たまたま知人から、本書3.3で紹介したICRPの実効線量係数を調べることはできないかと相談を受け、このことを知りました。ほぼ時を同じくして職場で配られた「東京大学コンプライアンス基本規則制定」と題する小さなパンフレットに書かれた「本学の社会的・公共的使命を自覚しよう」「法令を遵守しよう」「高い倫理観で行動しよう」という格調高い言葉が目に入ってしまったことも、多少の後押しとなったかもしれません。

とはいえ、最初に書いているときは、ブログで公開するにとどめる予定でした。本としてまとめることにしたきっかけのひとつは、日本化学会をはじめとする日本の34学会が2011年4月27日に発表した、「日本は科学の歩みを止めない──学会は学生・若手と共に希望ある日本の未来を築く」と題する会長声明〔*60〕でした。この宣言は大きく3項目からなっていますが、その第3項は、「国内および国際的な原発災害風評被害を

無くすため海外学会とも協力して正確な情報を発信します」というもので（ちなみに、第1項は、「学生・若手研究者が勉学・研究の歩みを止めず未来に希望を持つための徹底的支援を行います」、第2項は「被災した大学施設、研究施設、大型科学研究施設の早期復旧復興および教育研究体制の確立支援を行います」というものです）、説明にはさらに、次のように書かれています。

　福島第一原子力発電所放射性物質の漏出に対して，海外マスメディアの必ずしも正確でない報道にも影響されて国際的に放射性物質による汚染の風評被害が起きており，国民社会、研究・教育、産業等に様々な影響が出ております。

文部科学省が年間20ミリシーベルトを学校の上限と定めたあとで、日本放射線影響学会を含む錚々たる学会が集まった声明が、放射性物質の漏出に対して、このようなかたちの声明を出した事実を前に、分野は違うものの一応は研究を生業とし、科学にも近い位置にいる身として、大きな動揺を覚えざるを得ませんでした（ちなみに私自身は、以前、この声明に名前を出している情報処理学会の会員でしたが、しばらく前に退会したため、この声明に学会の中から関係しているわけではありません）。

さらにちょうどその頃、筆者も組合員となっている東都生協が配布した資料の中で「東都生協は、食卓の安全と安心をサポートしていきます」と述べ、「行政の食品衛生法にもとづく

あとがき

暫定規制値を」「米国・EU・コーデックス等の国際的な基準値と比較しても、適切な規制値であると考え」「準用しています」と組合員に伝えたことも本書の出版を決意した大きな理由のひとつです。宅配商品に添付された資料の説明は、本書が分析してきた報道のパターンをそのままなぞり、原発からの放射能放出と汚染者負担の原則という点にも、また原子力発電所事故の一番大きな被害を被っているのがその電力を消費する地域とは別の地域の人々であることの背景にも言及することなく、これまで培われてきた生産者と消費者の絆を強調することで、東京電力と政府が責任を負うべき汚染により生産者が被った被害を、風評被害というレトリックを介して消費者責任であるかのように描き出し、生産者と消費者が一致団結して健康上のリスクを負ってでも東京電力と政府の責任を肩代わりしましょうと力強く語りかけてくる、極めて印象的なものでした。

　その点で、本書が世に出たのは、米倉経団連会長、34学会の会長そして東都生協のおかげと言えるかもしれません。

* * *

　少し技術的な話をします。本書で扱った記事は、社会調査などでよく取られるサンプリングの手続きには従っていません。リテラシー研究でもメディアの効果研究でも、調査型のアプローチを取る際のサンプリングの設計は簡単ではありません。新聞ならば掲載面に重みをつけるかどうか、大見出し等「みかけ」の要因をどうするか、記事の大きさはどのように考慮する

か、発行部数や視聴率はどう扱うかなど、何に対してサンプリングをするかは、極めて難しい問題です。いずれにせよそれとは別に、本書における記事の選択は恣意的ではないかという疑問もあるでしょうが、私とこの問題について話をした知人たちは、ほぼ全員が、基本的に本書で扱ったパターンの記事や話題を気にしていたことを考えると、総体としてメディアが読み手に与えている印象に関して、本書の分析は的を外したものではないと思います（本書が出版される頃までに、報道のパターンが変化して、ここで分析した内容が古くさいものになっているとよいのですが）。なお、報道を見る中で、原発事故や放射能汚染の報道と、震災と津波の被害に関する報道との関係にもかなり目が向きましたが、話が発散してしまうため、本書では扱いませんでした。

　社会情報リテラシーの観点からは、もうひとつ非常に重要な点があります。リテラシーはそもそも実践的なものであり、リテラシーについて何を論じようと、どんな専門知識を持っていようと、授業の場でいかにその重要性を力説しようと、その力は使われるべきときに使わなければ意味がないという点です。そしてリテラシーの力は、反省的かつ意識的に、さあこれからリテラシーの力を活用しよう、どのような報道を相手にしようか、と考えて使うようなものではなく、ただ日常生活の習慣として使うものだ、という点です。普段からリテラシーについて論ずる立場にある人々が、身近な人と話すことも含め、どんなかたちででもよいから、展開しつつあるプロセスに即して、今、何らかの発信を行なわければ、リテラシー論にとっては自

あとがき

殺行為であると私は感じています。ある言葉についての知識があることと、言葉を知っていることとは違います。ある言葉について大いに薀蓄を語ることができても(言葉についての知識がある)、その言葉を読むことも話すこともできない(言葉を知らない)ことはあり得ます。2011年3月11日以来の状況は、これまでメディアリテラシーや社会情報リテラシーを教えたりその重要性を語ってきた人々に、単にリテラシーについての知識を有していただけだったのか、それともリテラシーを本当に身につけていたのか、そのいずれなのかを問うていると思います。

* * *

本書およびそのもととなったブログ記事を執筆するにあたっては、ウェブ上の多くの情報を参照しました。特に、押川正毅さんによる、物理学者らしい冷静かつ論理的な考察〔*61〕、牧野淳一郎さんが事故直後から続けている的確な状況分析〔*62〕に感謝します。両氏の重要な情報提供とは比べるべくもありませんが、本書は、科学的な観点から事実関係やリスクを誠実に分析しているおふたりの仕事とちょうど相補的な関係にあるものです。福島大学の石田葉月先生を中心とした、福島大学原発災害支援フォーラムの活動も継続的に参照しました〔*63〕。僭越かも知れませんが、東京で書かれた本書の言葉が、すぐれた知性と静かな勇気にあふれるフォーラムの活動と、どこかで触れあうことを願っています。また、とても有名な武田邦彦さん

のサイトも参照しました〔*64〕。本書では東京新聞の記事にかなり言及しましたが、言及が多かったのは、単に私が朝刊を定期購読しているという理由によるもので、東京新聞が他のメディアと比べて問題の多い記事を多く掲載しているというわけではまったくありません。むしろ、東京新聞は読者との距離も近く、紙面の多様性もある、良質の新聞だと思っています。

　本あとがきの冒頭で述べました知人たちに感謝します。本書をまとめる過程では、筑波大学の辻慶太さん、秩父で「たべものや　月のうさぎ」を経営している大畑とし子さん、国立情報学研究所の新井紀子さん、東京にある田端銀座商店街の名店「魚やす」のご主人とのちょっとした会話が、大きな励みになりました。また、子どものいない私に、幼い世代の将来について、漠然とではなく顔の見える生きた存在として考えることを可能にしてくれたことに関して、辻慶太さんと阿辺川武さんに感謝します。

　本書出版にあたっては、2006年に『子どもと話す　言葉ってなに？』の出版を快く引き受けてくださった現代企画室の小倉裕介さんをはじめとするスタッフにお世話になりました。現代企画室は、最近の出版社としては珍しく、売れなくても本を裁断しない出版社です。本書は、社会情報リテラシーの実践講義として読者の方が報道を読み解くための一助となることを意図したものですが、同時に、2011年3月11日から約2カ月の間に政府とメディアがどのような状況にあったかを記録することも意図しています。その点で、本を裁断しない出版社から本書が出ることは、まさに本書の意図にかなったものとうれしく

あとがき

思っています。万が一、現代企画室が私に印税を払える程度に本書が売れた場合には、印税分はすべて、出版社の現代企画室から直接、できれば福島県の復興のために活動している団体に、寄付してもらうことになっています。

＊　＊　＊

　最後になりますが、本書で進めた議論の一部については、「東京でのうのうと暮らし、典型的な消費生活を楽しんでいるような奴が言うなよ」というご批判もあるかもしれません。自分の生活を考えると確かにそうした批判には妥当な面もあり、それに対して有効な反論はできないのですが、著者である私の立場がどのようなものであれ、本書に書かれた言葉は、仮に著者が私でなくても、少なくとも誰かによって書かれ、伝えられる必要があったものだと、普段ほとんど信念というものを持たない私としては珍しく、確信しています。私自身の社会的な立場や個人的な欠点などのすべてと切り離して、また、普遍的に表現されるべき言葉であることを意図して書かれた本書の言葉に力不足から紛れ込んでしまったかもしれない私の欠点すべてとも切り離して、読者の皆様が、本書に書かれた言葉を言葉として吟味してくださることを願っています。
　第8章「おわりに」の末尾で、私は、本書の分析が、今後ありうる状況で、情報を読み解き、適切な判断を下すための一助となることを願うと書きました。それだけでなく、7.3に書いたことを一歩進めて、本書が、子どもや、原発の建設にまった

く責任がないのに汚染を受けた人々、近くに原子力発電所ができてしまった人々、事故の収拾にあたっている作業員の方々、農家や漁師の方々、子どもを持つ親の方々が、今直面しているような事態に今後繰り返し直面することのないような社会を考えていくための、きっかけのひとつとなることを願っています。

2011年5月29日
影浦　峡

増刷にあたっての補記：

　2011年12月20日、厚生労働省は、一般食品を1キロ100ベクレル、乳児用食品と牛乳を50ベクレル、飲料水を10ベクレルとする新基準値案を発表しました。これまでの「暫定規制値」より低い値です。一方、時期を同じくして政府の「低線量被曝のリスク管理に関するワーキンググループ」は、年間20ミリシーベルト以下ならば健康に問題がないかのような極めて問題の多い結論を出しています。政府の対応にも報道にも一定の変化は見られましたが、残念ながら、全体としては、本書の分析が有効な状況は今も続いています。

2012年1月9日

注

*1 http://www.47news.jp/CN/201105/CN2011051101000625.html

*2 　直接この規程に関係しているのは、「放射性同位元素等による放射線障害の防止に関する法律施行規則」（1960年9月30日総理府令第56号・最終改正は2009年10月9日文部科学省令第33号）と「放射線を放出する同位元素の数量等を定める件」（2000年科学技術庁告示第5号・最終改正2006年12月26日文部科学省告示第154号）です。一般公衆の限度は、「定める件」第14条を、そこで参照されている「施行規則」の該当部分とあわせて読むと、1年間に1ミリシーベルトであることがわかります。

*3 　例えば原子力安全・保安院の解説（http://www.nisa.meti.go.jp/word/10/0422.html）を参照。

*4 　ICRP (1991). "ICRP Publication 60: 1990 Recommendations of the International Commission on Radiological Protection," *Annals of the ICRP*, 21(1-3).

*5 　Committee to Assess Health Risks from Exposure to Low Levels of Ionizing Radiation, Board on Radiation Effects Research, Division on Earth and Life Studies, National Rescarch Council of the National Academies (2006). *Health Risks from Exposure to Low Levels of Ionizing Radiation: BEIR VII, Phase 2*. National Academies Press.

　Brenner, D. J. et. al. (2003). "Cancer risks attributable to low doses of ionizing radiation: Assesing what we really know," *Proceedings of the National Academy of Science of the USA*, 100(24), p. 13761-13766.

*6 　国際放射線防護委員会は2007年にICRP Publication 103で勧告を改訂しました（ICRP (2007). "ICRP Publication 103: The 2007 Recommendations of the International Commission on Radiological Protection," *Annals of the ICRP*, 37(2-4).)。それによると、発癌のリスクは基本的に変わらず、遺伝的影響は

0.000002と評価されています。1年間の被曝限度1ミリシーベルトという基本的な勧告も変わりません。ICRP Publication 103の勧告内容は、2011年の段階で日本政府が検討中なので、本書ではICRP Publication 60に依拠します。

*7　Brenner, D. J. et. al. (2003). 前掲.

*8　Mullenders, L., et. al. (2009). "Assessing cancer risks of low-dose radiation," *Nature Reviews Cancer*, 9, p. 596-604. なお、少し技術的な話をしますと、「よくわかっていない」というのは、ときおり言われるように、有効な実証的調査で有意性が出なかったというのではなく、有意性をきちんと議論できる規模の実証的調査は行われていない、という意味です。

*9　ECRR (2010). *ECRR 2010 Recommendations of the European Committee on Radiation Risk*. Brussels.

*10　原子力安全委員会(2001).「発電用軽水型原子炉施設周辺の線量目標値に関する指針（昭和50年5月13日／一部改訂平成元年3月27日／平成13年3月29日）」(http://www.nsc.go.jp/shinsashishin/pdf/1/si015.pdf)。ちなみに、原子力安全委員会は、「原子力基本法、原子力委員会及び原子力安全委員会設置法及び内閣府設置法に基づき設置され」る組織で、「独立した中立的な立場で、国による安全規制についての基本的な考え方を決定し、行政機関ならびに事業者を指導する役割を担って」います。原子力安全委員会は、「専門家の立場から、科学的合理性に基づいて、安全確保のための基本的考え方を示し、改善・是正すべき点については提言や勧告を行うことによって、行政機関や事業者を指導」することを使命としており、こうした重要な使命を果たすために、「内閣総理大臣を通じた関係行政機関への勧告権を有するなど、通常の審議会にはない強い権限を持っています」(括弧内は原子力安全委員会のホームページ内「原子力安全委員会について」(http://www.nsc.go.jp/annai/tsuite.htm) からの引用)。

*11　「被ばく線量と影響の現れ方」(http://rcwww.kek.jp/kurasi/page-55.pdf)

*12　総務省統計局が発表している統計のうち、61. 道路交通事故件数・死者数 (http://www.stat.go.jp/data/nihon/g6126.htm) 及び 3. 総人口の推移 (http://www.stat.go.jp/data/nihon/g0302.htm) より。

*13　「放射線を放出する同位元素の数量等を定める件」前掲. ちなみに、東京電力の原発事故後、政府はこの最後の上限を100ミリシーベルトから250ミリシーベルトに引き上げました。

*14　ICRP (2007). 前掲.
ICRP (2009). "ICRP Publication 109: Application of the Commission's Recommendations for the Protection of People in Emergency Exposure Situations," *Annals of the ICRP*, 39(1).

*15　原子力安全委員会 (2010).「原子力施設等の防災対策について (昭和55年6月／最新改訂平成22年8月)」(http://www.nsc.go.jp/shinsashishin/pdf/history/59-15.pdf)

*16　http://www.nsc.go.jp/info/20110412.pdf, http://www.meti.go.jp/press/2011/04/20110412001/20110412001-1.pdf
少し技術的ですが、牧野淳一郎「スーパーコンピューティングの将来」(http://jun-makino.sakura.ne.jp/articles/future_sc/face.html) 97以降、および「牧野の公開用日誌」(http://jun-makino.sakura.ne.jp/Journal/journal.html) には、リンクも含め、関連する重要な情報があります。

*17　原子力安全委員会 (2003).「討論会「私たちの健康と放射線被ばく――低線量の放射線影響を考える」において寄せられた質問に対する回答について」(http://www.nsc.go.jp/anzen/sonota/touron/kaitou.pdf)

*18　ICRP (1996). "ICRP Publication 72: Age-dependent Doses to Members of the Public from Intake of Radionuclides: Part 5," *Annals of the ICRP*, 26(1).
原子力安全委員会 (2008).「環境放射線モニタリング指針」(http://www.nsc.go.jp/anzen/sonota/houkoku/houkoku20080327.pdf)

*19 http://search.kankyo-hoshano.go.jp/food2/servlet/food2_in

*20 http://search.kankyo-hoshano.go.jp/food2/Yougo/yotaku_jikkou_syousai.html

*21 厚生労働省（2011年3月17日）.「放射能汚染された食品の取扱いについて」(http://www.mhlw.go.jp/stf/houdou/2r9852000001558e-img/2r9852000001559v.pdf)

*22 http://www.wpro.who.int/NR/rdonlyres/55CDFAF4-220A-4709-A886-DF2B1826D343/0/JapanEarthquakeSituationReportNo1322March2011.pdf

*23 WHO (2004). 『WHO飲料水水質ガイドライン第3版（第1巻）』日本水道協会. (http://whqlibdoc.who.int/publications/2004/9241546387_jpn.pdf)

*24 BSSとは、次の文書のことです。
International Atomic Energy Agency (1996). *International Basic Safety Standards for Protection against Ionizing Radiation and for the Safety of Radiation Sources.* Vienna: IAEA. (http://www-pub.iaea.org/MTCD/publications/PDF/Pub996_EN.pdf)。なお、ここでは、IAEA (2011). *Criteria for Use in Preparedness and Response for a Nuclear or Radiological Emergency: General Safety Guide.* Vienna: IAEA. (http://www-pub.iaea.org/MTCD/publications/PDF/Pub1467_web.pdf) も参照しました。

*25 独立行政法人産業技術総合研究所化学物質リスク管理研究センター「暴露係数ハンドブック」の「水摂取量」の項 (http://unit.aist.go.jp/riss/crm/exposurefactors/documents/factor/food_intake/intake_water.pdf) によると、1日あたりの飲み物の平均摂取量は約1.5リットルとされています。

*26 厚生労働省健康局総務課生活習慣病対策室「平成20年国民健康・栄養調査結果の概要」(http://www.mhlw.go.jp/houdou/2009/11/dl/h1109-1b.pdf)

*27 http://www.mhlw.go.jp/stf/houdou/2r9852000001558e-img/2r98520000015cfn.pdf

- *28 http://www.mext.go.jp/
- *29 データは文部科学省の元サイトからではなく、「放射線量モニターデータ」(https://sites.google.com/site/radmonitor311/) からリンクされている、@takscapeさんがまとめられたものを使いました。
- *30 http://www.mext.go.jp/a_menu/saigaijohou/syousai/1305495.htm
- *31 放射線医学総合研究所ラドン濃度測定・線量評価委員会による値で、直接の引用は、「暴露係数ハンドブック」前掲.の「呼吸率」の項（http://unit.aist.go.jp/riss/crm/exposurefactors/documents/factor/body/breathing_rate.pdf）から。
- *32 もう少し体系的な検討は、押川正毅「福島原発事故の危険性について」(http://bit.ly/hPeUyF) が行っています。ネットにアクセスできる環境の方はぜひご覧ください。
- *33 http://zasshi.news.yahoo.co.jp/article?a=20110318-00000301-newsweek-int
- *34 文部科学省「定期降下物のモニタリング」http://www.mext.go.jp/a_menu/saigaijohou/syousai/1305495.htm
- *35 例えばhttp://www.pref.ibaraki.jp/important2/20110311eq/20110322_18/やhttp://www.metro.tokyo.jp/INET/OSHIRASE/2011/03/20l3111l00.htmなど。
- *36 関谷直也 (2003).「「風評被害」の社会心理――「風評被害」の実態とそのメカニズム」(http://www.disaster-info.jp/tohoku/huhyou-mechanism.pdf)
- *37 http://dictionary.goo.ne.jp/leaf/jn2/241515/m0u/
- *38 http://ja.wikipedia.org/wiki/風評被害
- *39 http://www.mext.go.jp/component/a_menu/other/detail/__icsFiles/afieldfile/2011/05/06/1305820_20110506.pdf
- *40 産経新聞 (2011年3月29日).「水産物への「濃縮・蓄積はほとんどなし」 水産庁が説明会」
- *41 http://www.inosenaoki.com/blog/2011/04/post-3.html
- *42 http://www.mext.go.jp/b_menu/houdou/23/04/1305174.

htm
- *43 http://www.nichibenren.or.jp/ja/opinion/statement/110422_2.html
- *44 http://dl.med.or.jp/dl-med/teireikaiken/20110512_31.pdf
- *45 http://www.city.matsudo.chiba.jp/index/kurashi/bousai_bouhan/bousai_jyouhou/0311shinsai/suidou_taiki/housyasen.html
- *46 Curtin, T. (with Hayman, D. and Hussein, N.) (2005). *Managing a Crisis: A Practical Guide*. New York: Macmillan.
Booth, S. A. S. (1993). *Crisis Management Strategy: Competition and Change in Modern Enterprises*. London: Thomson Business.
- *47 ちなみに、ダチョウ症候群とは、追い詰められたダチョウが砂に頭を突っ込んで状況を見ずにじっとしていることから来た言葉で(実際にはダチョウはそのようには振舞わないようです)、危機に面したときに人間が取る「見て見ぬふり」「なかったかのように振舞う」思考と行動のパターンを言います。
- *48 Weinstein, N. D. (1980). "Unrealistic optimism about future life events," *Journal of Personality and Social Psychology*, 39(5), p. 806-820.
- *49 ドイツ放射線防護協会(2011年3月20日).「日本における放射線リスク最小化のための提言」日本語版(http://icbuw-hiroshima.org/wp-content/uploads/2011/04/322838a309529f3382702b3a6c5441a32.pdf).ヨウ素131については注2から注7、セシウム137については注9から注14を参照。なお、以下の2点に注意。(a)これらの注では単位がmSv/BqではなくSv/Bqになっています。(b)ヨウ素131の係数は甲状腺線量のものであり、実効線量は、それに0.05を掛けることで求められることが、「原発事故の場合には、……甲状腺線量は150mSvまで許容されるが、これはいわゆる実効線量7.5mSvに相当する」という言葉からわかります。これに基づいて実効線量係数に変換すると3.3で示したICRPの実効線量係数とほぼ同じになります。確認でき

ていませんが、誤差は記述中で数値を丸めたことから来るものと推測されます。

*50 ECRR (2010). 前掲.
*51 Feinendegen, L. (2005). "Evidence for beneficial low level radiation effects and radiation hormesis," *British Journal of Radiology*. 78, p. 3-7.
*52 肥田舜太郎・鎌仲ひとみ（2005）.『内部被曝の脅威』ちくま新書.
*53 http://www.jcptogidan.gr.jp/html/menu5/2011/20110525195904.html
*54 毎日新聞（2011年5月4日）.「東日本大震災：福島第1原発事故　放射線、健康への影響は　正しく知って行動しよう」
*55 ジョン・ロールズは米国の政治哲学者。1921年〜2002年。主著に『正義論』（川本隆史・福間聡・神島裕子訳、紀伊國屋書店、2010年）がある。
*56 http://www.nsc.go.jp/info/20110412.pdf, http://www.meti.go.jp/press/2011/04/20110412001/20110412001-1.pdf
*57 http://www.mext.go.jp/component/a_menu/other/detail/__icsFiles/afieldfile/2011/05/06/1305820_20110506.pdf
*58 産経新聞（2011年3月29日）.前掲.
*59 勝川俊雄「水産物の放射能汚染から身を守るために、消費者が知っておくべきこと」勝川俊雄公式サイト（http://katukawa.com/?page_id=4304）
*60 http://www.nacos.com/jscb/jscb/documents/seikaren_110510.pdf
*61 http://bit.ly/hPeUyF, http://bit.ly/kkLXul
*62 http://jun-makino.sakura.ne.jp/Journal/journal.html, http://jun-makino.sakura.ne.jp/articles/future_sc/face.html
*63 http://fukugenken.e-contents.biz/
*64 http://takedanet.com/

影浦 峡（かげうら　きょう）
1964年生。1988年東京大学大学院教育学研究科博士課程中途退学。1993年マンチェスター大学学術博士。学術情報センター助手、同助教授、国立情報学研究所助教授を経て、現在、東京大学大学院教育学研究科教授。専門は情報媒体論、言語論、言語情報処理。国際計量言語学会副会長、計量国語学会理事などを歴任。現在、*Terminology*誌編集長、*Law, Language and Discourse*誌顧問。著書に、*The Dynamics of Terminology*（Amsterdam: John Benjamins）など。
ホームページ　http://panflute.p.u-tokyo.ac.jp/~kyo/
　　　　　　　http://researchmap.jp/kyokageura/

3.11後の放射能「安全」報道を読み解く
社会情報リテラシー実践講座

発行	2011年7月1日　　初版第1刷 2013年9月30日　初版第3刷　1000部
定価	1000円＋税
著者	影浦峡
装丁	加藤賢策（東京ピストル）
発行者	北川フラム
発行所	現代企画室 〒150-0031　東京都渋谷区桜丘町15-8-204 Tel. 03-3461-5082　Fax. 03-3461-5083 http://www.jca.apc.org/gendai/
印刷・製本	中央精版印刷株式会社

ISBN978-4-7738-1108-7 C0036 Y1000E
©KAGEURA Kyo, 2011
©GENDAIKIKAKUSHITSU Publishers, 2011, Printed in Japan

現代企画室 娘／子どもたちと話す シリーズ

子どもは、あどけなくも鋭く、世の中の難問について質問する。
大人はうろたえ、逃げまどい、しかしついには真剣に答える。
親しみやすい対話形式による、子どもと大人のための刺激的な思考のレッスン！

子どもと話す 言葉ってなに？

影浦 峡=著　定価 1200 円+税

言葉を動かそう　壊れたっていいから

娘と話す 数学ってなに？

ドゥニ・ゲジ=著　池上高志=解説　定価 1200 円+税

教科書の外に広がるスーガクの世界って、かっこいい！

子どもたちと話す 天皇ってなに？

池田浩士=著　定価 1200 円+税

自分の生き方を誰かにゆだねるのはやめよう

娘と話す 原発ってなに？

池内 了=著　定価 1200 円+税

まず正しく知ってから、どうすればいいか考えよう

そのほか「非暴力」「国家」「イスラーム」「哲学」「左翼」「メディア」など、
シリーズ 20 冊好評発売中！
くわしくは、現代企画室ホームページ (http://www.jca.apc.org/gendai/)
をごらんください。